著 者 简 介

麻蒔立男

　　1934 年生于日本爱知县,1957 年静冈大学工学部电子工学专业毕业,同年加入日本电气株式会社,1967 年被调任至日电 Valian(现佳能 ANELVA 株式会社),1990年至 2010 年任东京理科大学教授和返聘教授、日本真空协会个人理事、工学博士。主要著作有《话说真空》、《薄膜制作基础》、《超微细加工基础》、《简明电磁学》、《超微细加工入门》、《简明薄膜读本》(日刊工业出版社)等。

坂本纪子(Design Studio Palette)　美术指导。

野边 Hayato　封面绘图。

保田大介　佐藤　萌(株式会社 Jolls)　内文插图。

译 者 简 介

谭　毅

　　1993 年 3 月获东京工业大学金属工学博士学位;1997 年 10 月在日本超高温材料研究所任新能源产业技术综合开发机构研究员;2001 年 5 月任美国加州大学洛杉矶分校材料科学与工程系研究员;2009 年 9 月受聘于大连理工大学,任材料学院教授、能源研究院副院长至今。现从事冶金法提纯多晶硅材料、薄膜材料、高温材料等新能源材料的研究。

史　蹟

　　1984 年毕业于大连理工大学金属材料专业;1993 年赴日本留学;1997 年获东京工业大学金属工学博士学位,后任日本国立电气通信大学量子物质工学助教;2004 年任东京工业大学材料工学副教授至今。现从事金属物理、功能材料、结构分析等材料科学的研究。

形形色色的
科学
SCIENCE

微小世界里的新天地：

神奇的薄膜

〔日〕麻蒔立男/著

谭 毅 史 蹟/译

科学出版社

北 京

图字:01-2011-4315 号

内 容 简 介

　　在我们生活的世界中,各种各样形形色色的事物和现象,其中都必定包含着"科学"的成分。在这些成分中,有些是你所熟知的,有些是你未知的,有些是你还一知半解的。面对未知的世界,好奇的你是不是有很多疑惑、不解和期待呢?!"形形色色的科学"趣味科普丛书,把我们身边方方面面的科学知识活灵活现、生动有趣地展示给你,让你在畅快阅读中收获这些鲜活的科学知识!

　　我们最新式的笔记本电脑和手机在变得越来越小的同时,性能却得到了几倍几十倍的提升。正是因为薄膜这种尖端的纳米技术,我们的生活中才有了大屏幕超薄液晶电视、超大容量存储媒介、越来越轻巧功能却越来越强大的各种电子产品。就让这本书为你生动地讲解一下这项支撑现代高科技社会的基础技术吧。

　　本书适合青少年读者、科学爱好者以及大众读者阅读。

图书在版编目(CIP)数据

微小世界里的新天地:神奇的薄膜/(日)麻蒔立男著;谭毅,史蹟译.
—北京:科学出版社,2011.8(2018.8重印)
("形形色色的科学"趣味科普丛书)
ISBN 978-7-03-031935-7

Ⅰ.微… Ⅱ.①麻…②谭…③史… Ⅲ.薄膜-普及读物
Ⅳ.0484-49

中国版本图书馆 CIP 数据核字(2011)第 151009 号

责任编辑:唐 璐 赵丽艳/责任制作:董立颖 魏 谨
责任印制:徐晓晨/封面设计:柏拉图创意机构
北京东方科龙图文有限公司 制作
http://www.okbook.com.cn

科学出版社 出版
北京东黄城根北街 16 号
邮政编码:100717
http://www.sciencep.com
北京虎彩文化传播有限公司 印刷
科学出版社发行 各地新华书店经销
*
2011 年 8 月第 一 版 开本:A5(890×1240)
2018 年 8 月第三次印刷 印张:6 1/4
字数:148 000
定 价:45.00元
(如有印装质量问题,我社负责调换)

拥抱科学，拥抱梦想！

伴随着20世纪广域网和计算机科学的诞生和普及，科学技术正在飞速发展，一个高度信息化的社会已经到来。科学技术以极强的渗透力和影响力融入我们日常生活中的每一个角落。

"形形色色的科学"趣味科普丛书力图以最形象生动的形式为大家展示和讲解科学技术领域的发明发现、最新技术和基本原理。该系列图书色彩丰富、轻松有趣，包括理科知识和工科知识两个方面的内容。理科方面包括数学、理工科基础知识、物理力学、物理波动学、相对论等内容，本着"让读者更快更好地掌握科学基础知识"的原则，每本书将科学领域中的基本原理和基本理论以图解的生动形式展示出来，增加了阅读的亲切感和学习的趣味性；工科方面包括透镜、燃料电池、薄膜、金属、顺序控制等方面的内容，从基本原理、组成结构到产品应用，大量照片和彩色插图详细生动地描述了各工科领域的轮廓和特征。"形形色色的科学"趣味科普丛书把我们生活和身边方方面面的科学知识，活灵活现、生动有趣地展示给你，让你在畅快阅读中收获这些鲜活的科学知识！

愉快轻松的阅读、让你拿起放下不了的有趣科学知识，尽在"形形色色的科学"趣味科普丛书！

出场人物介绍

 青蛙：跳跳

本书的主角。擅长制作各种小
玩意儿，对任何事物都抱有浓
厚的兴趣。渴望着将来亲自制
造出具有划时代意义的产品。

★ **向 导**

电容　电阻　二极管　三极管

我们是"薄膜四兄弟"！别看我们外表很单薄，
但我们将合力去开拓美好的未来！

前 言

这个世界上一些异想天开的思维火花往往在三"上"之地迸发,即马背上、床榻上和马桶上。

相信很多人都会有这样的经验和体会:在登上电车的瞬间,忽然想到了某个问题的答案,禁不住"啊"地一声脱口而出;在床上一觉醒来,睁开眼睛伸个懒腰的时候,突然想通了一个久思不解的问题:"原来如此啊";还有,如厕时也往往是我们恍然大悟、灵光闪现的时机。

但是如果不把这些恍然间悟到的事情及时记录下来的话,这些瞬间产生的火花就会立刻消失。这是以上三种情况的共同特征。

这种灵光一闪的现象之所以会产生,是因为当事人一直在围绕着某个主题不断地思索,这些问题始终萦绕在他们的脑海中。人们因为喜欢而从事这方面的工作,所以愿意穷其一生的智慧为之奋斗。一旦答案被找到,就会得到"会当凌绝顶"一样的极大满足感。人们正是因为喜欢,才会变得擅长。

在我们的日常生活中,很多人的脑子里都充斥着"薄膜"一词,他们围绕着薄膜夜以继日地开展工作,从事研究、学习和相互交流。可以说制作薄膜、使用薄膜以及从事薄膜相关产业的人遍布世界各地。

本书主要介绍了薄膜相关领域的前辈们留下的这一技术中的基础内容。如果读者希望更深入地了解和研究这一领域,可以查找卷末列出的参考书籍和参考文献,从中获取自己需要的相关信息。

对于书中较难理解的部分,作者根据自己的经验从身边的现象和事例入手进行说明,以帮助读者加深理解,可能有些地方会与物理学内容不一致,但还是请大家了解这些事例的列举仅仅是为了方便理解而已。

在本书编写过程中,我得到了各界朋友的悉心教诲和指导,并获得了大量宝贵的资料。在图书出版之际,谨向给予我帮助的各界人士表示深深的谢意。

麻蒔立男

神奇的薄膜

形形色色的
科学
SCIENCE

目　录

第1章　幸福生活从美丽与微观开始

001　展现缤纷色彩的颜料　**用微小粉末描绘美丽世界** …… 002
002　复制美丽——相片　**彩色相片与数码相机** ………… 004
003　薄膜技术使机器人不断进化　**利用薄膜材料与计算机**
　　　进行精密制备 ……………………………………… 006
004　创造五种感官　**视觉、听觉、嗅觉、味觉与触觉的创造** … 008
005　制造人工智能 ……………………………………… 010
006　我们身边的电子产品都在使用薄膜 ……………… 012
007　利用不分解的压延技术，可以薄到什么程度 …… 014
008　制造薄膜与制作精细图案 ………………………… 016
COLUMN　真空的含义　　　　　　　　　　　　　018

第2章　制备薄膜的重要环境条件——真空

009　真空——压强低于大气压的空间状态 …………… 020
010　真空的单位与压强的单位：帕斯卡（Pa） ………… 022
011　抽出和吸附——真空泵的分类 …………………… 024
012　真空的分析和测量　**真空计** …………………… 026
013　真空装置的制造方法 ……………………………… 028
COLUMN　质量瞬移　　　　　　　　　　　　　030

第3章　薄膜的制备

014　薄膜的形成——先气化，再固化沉积 …………… 032
015　四种气化源 ………………………………………… 034
016　单层生长与形核长大　**薄膜的生长①** ………… 036
017　薄膜内部缺陷　**薄膜的生长②** ………………… 038
018　仅有薄膜还不够　**薄膜与基板的结合** ………… 040

019 目标：单晶薄膜 ·········· 042

COLUMN 出身和教育同样重要 044

第4章 薄膜特有的性质

020 薄膜的密度和厚度会随时间减小 ·········· 046
021 薄膜电阻的变化比体材料大 ·········· 048
022 热稳定性降低 **通过时效处理加以克服** 050

COLUMN 薄膜和基板的连接 052

第5章 增强基板与薄膜结合的技术

023 制膜的基础：平整的基板 ·········· 054
024 前期处理：使基板表面完全裸露 ·········· 056
025 前期处理的最后工序：干燥 ·········· 058
026 制备附着强度更强的薄膜 ·········· 060
027 改变气化源、增加附着强度 ·········· 062
028 薄膜与基板的相合性更为重要 ·········· 064
029 着陆点：险峻的山地 ·········· 066
030 得到希望的薄膜组成 ·········· 068
031 制造用于大面积集成电路的非晶薄膜 ·········· 070
032 电迁移断线及其解决方法 ·········· 072

COLUMN 太阳之子——等离子体 074

第6章 等离子体在薄膜制备中的重要性

033 等离子体的神奇之处及其应用 ·········· 076
034 通过放电获得等离子体 ·········· 078
035 低气压（良好真空）下的磁控放电 ·········· 080
036 产生薄膜用等离子体的五种方法 ·········· 082
037 薄膜制备的难题——尘埃 ·········· 084

COLUMN 望远镜和照相机视场变亮的奥秘 086

第7章 从古代沿用至今的蒸镀法

038 蒸发源 ·········· 088
039 加工等厚膜的方法 ·········· 090
040 离子镀的使用 ·········· 092
041 进一步发挥离子的作用 ·········· 094
042 防止蒸镀材料与薄膜间的成分变化 **激光沉积法** ·········· 096
043 制作透明导电的薄膜 **透明导电薄膜的蒸镀方法** ·········· 098

COLUMN 活学活用 100

第8章 大面积气化源、适于批量生产的溅射法

044 溅射率是由离子能量和薄膜材料的种类决定的 ·········· 102
045 溅射产生的原子遵循余弦法则且速度非常快 ·········· 104
046 溅射的主要方式 ·········· 106
047 以低电压、定压(高真空)为目标的磁控溅射 ·········· 108
048 支撑半导体 IC 高集成度发展的铝合金溅射 ·········· 110
049 利用反应溅射制作高性能电阻膜 ·········· 112
050 用溅射法制作氧化物高温超导膜 ·········· 114
051 低电压下制造透明导电膜(氧化物)ITO ·········· 116
052 薄膜加工的过渡——从平面成膜到微孔成膜 ·········· 118
053 利用离子进行超微细孔的填埋 ·········· 120
054 向高真空、无氩气溅射的过渡 ·········· 122

COLUMN 神奇的过程——从气体到薄膜 124

第9章 由气体制作薄膜的气相沉积法

055 气体向固体的转变:薄膜的气相沉积 ·········· 126
056 很多的 CVD 方法已被实用化 ·········· 128
057 CVD 法制备 IC 中至关重要的硅系薄膜 ·········· 130
058 高清彩色电视用的硅薄膜 ·········· 132
059 高诱电率薄膜和低诱电率薄膜的制作 ·········· 134
060 用气相沉积法制备金属导体薄膜 ·········· 136

061　表面改性法制备氧化薄膜、氮化薄膜　　　　·········· 138

COLUMN　从水(液体)中提取薄膜(固体)　　　　140

第 10 章　在液体中制作镀膜

062　镀膜技术的发展　　　·································· 142
063　液相镀膜和真空薄膜中的核生长　　············· 144
064　精密镀膜在电气领域的应用　　·················· 146

COLUMN　用世界上最小的刀进行切削加工　　　　148

第 11 章　将薄膜加工成电路、晶体管等的蚀刻技术

065　蚀刻法制备图样:在正确的位置加工正确的形状　　·········· 150
066　用气体离子进行蚀刻　　·························· 152
067　最关键的一步——等离子体的制备　　············· 154
068　反应气体是重要的　　·························· 156
069　决定蚀刻的条件　　·························· 158
070　利用极细离子束进行故障修理　　················ 160
071　利用 CMP 进行平坦化处理　　·················· 162
072　无 CMP 的平坦化技术　　·················· 164

COLUMN　向伟大的梦想前进!　　　　166

第 12 章　薄膜发展的无限可能性

073　操控原子,制造未来仪器　　·················· 168
074　薄膜——带动世界通信网络发展　　·············· 170
075　用微动同步器挽救生命　　·················· 172
076　生物计算机的使用　　·················· 174

参考文献　　·································· 177
译后记　　·································· 180

在最先进的半导体制作过程中,在箭头所指的地方利用CMP法将凹凸部位处理平整后再进行下一层的加工。整体的厚度小于1mm。

暖瓶里藏着的奥秘

每个家庭都会使用暖瓶,尽管它没有热源,但是瓶内水的温度并不会很快地降低。那么暖瓶中究竟隐藏着什么奥秘呢?

如果将暖瓶打破,就会听见"嘭"地一声响,随后可以看见在破碎的玻璃内表面是闪闪发亮的。这些闪闪发光的地方镀有金属银薄膜,正是因为它的存在,热水中放射出来的热才会被反射回去,从而阻断了"辐射"导热。

发出"嘭"的声音是因为暖瓶内部空间为真空状态。真空同样也可以阻碍"热传导",而使用玻璃是因为玻璃不易导热。因此,暖瓶中的奥秘就在于"薄膜"、"真空"以及"材料"等各部分的组合。

薄膜不仅仅被用在暖瓶中,它还可以用来模仿人类的各种感官,利用比人类记忆更发达、计算能力更强的集成电路制造出人工智能。我们相信在不久的将来,也许就会出现拥有这样创造力的人工智能。

前面一页是最先进的集成电路电子显微镜截面图,图的下半部分是超细的晶体管及电容器群,上面有很多层配线,它们使器件具有进行计算、记忆、数据处理等功能。这个多层结构就是利用薄膜技术制造出来的。

最下面的晶体管及电容器都是利用多项技术复合制造出来的,如果在它们的表面上直接放置一层配线的话,表面就会出现凹凸不平的现象,这时再进行多层加工的话,就会使凹凸程度加深,从而使多层化本身变得难以实现。在这种情况下,我们可以利用 CMP 法将凹凸处理平整之后再进行下一层加工,就可以完成多层结构的配线设置。这样即使进行多层加工,整体厚度也不会超过 1mm,因为每层厚度只有千分之几毫米。

第 1 章

幸福生活从美丽与微观开始

世界上许多性能优异的物质都
源自质地细腻的原材料（超微粒子）。
薄膜技术就是以物质的最小单位——原子和分子为原材料,
制造出各种器件与系统的技术总称。

001　展现缤纷色彩的颜料
用微小粉末描绘美丽世界

　　世界第一美女,因"微笑之谜"而誉满全球的"蒙娜丽莎",出自意大利著名画家列奥纳多·达·芬奇笔下,可以说达·芬奇的这幅画创造了一个美的极致。

　　绘画是巧妙地利用色彩所创作出来的作品,而色彩就来源于被称为"颜料"的着色剂。本书的主题——"薄膜",同样是创造出与我们生活息息相关的电子产品的"来源"。

　　在画布上绘画需要使用各种颜料,还有混合各种颜料的绘画工具。颜料是一种不易溶于水、酒精、油脂等各种溶剂的特殊物质,颜料中添加了各种无机物和有机物。绘画颜料、油墨以及化妆品等都是将被处理的具有颜料功能的微小颗粒(微小粉末)混入油脂、树脂、橡胶、有机溶剂中制造出来的。颜料最重要的功能就是可以提供给绘画者所希望的颜色(浓、淡、鲜艳),并能够长时间保持不变。浓艳的色彩大多情况下是通过将颜料微小粒子化得到了。不仅艺术领域如此,为了让彩色电视机等展现出浓艳的色彩,也需要根据颜料的微粒子化原理进行彩色滤光镜的研究和应用。如今我们已经可以实现 10nm(纳米)级的微细化[参1]。对于本书的主要内容——薄膜来说,将材料分解到原子(0.3nm 的长度:1nm = 10^{-6}mm)和分子量级是制作薄膜的根本。

　　大家小时候都有过像图 2 那样,利用刮膜作画的经历吧。先用蜡笔涂抹好多层,最后用"刮刀"将蜡笔色刮下,就完成了。同样的方法也被用在薄膜制品的制造上。制作薄膜时,如图 2 中的④所示,在上层绘画的同时不刮坏下层的情况下进行刮膜,可以进行 100 层的反复绘制。

要点
CHECK!

- 提供名画色彩的根本是颜料
- 为了使颜色浓烈鲜艳,需将颜料的粒子分解得非常小

图1 列奥纳多·达·芬奇的名画《蒙娜丽莎》

创作于1503～1505年
(藏于巴黎卢浮宫美术馆)

图2 刮膜画法

①使用明亮的颜色将画纸涂满，充分涂抹使白色部分被完全覆盖

②在这层颜色上面涂抹黑色或者茶色等浓暗的颜色

③充分涂抹使下层的颜色被完全覆盖

④用刮刀在涂了两层的蜡笔色上面进行绘画。随着上层颜色的刮落，下面的明亮颜色会逐渐显现

"Kurepasu"是樱花蜡笔株式会社的登记商标（樱花蜡笔株式会社提供）

名词解释

颜料的例子

白：碳酸钙(微生物化石沉积物)、蛋壳及贝壳

红：朱砂(红色硫化汞)、染色茜草(Rubia tinctorum,植物)

蓝：铜酞花青(有机物)

黄：雄黄(砷素化合物,天然的黄色颜料)、钛黄($TiO_2 \cdot NiO \cdot Sb_2O_5$正方结晶),

相当于薄膜领域的铜和铝(导电材料)、石英(二氧化硅:绝缘材料)、铁·镍(磁性材料)等。

如今已有超过100种材料被应用在薄膜技术中。

002 复制美丽——相片
彩色相片与数码相机

世界上只有一个真正的"蒙娜丽莎",但使用了薄膜技术的电子元件及系统可以制造出几百万个甚至几亿个相同规格的产品来,这里应用的就是照相技术。使用彩色胶卷的照相技术在 20 世纪得到了空前的发展[参2]。拍摄细腻的照片,需要高性能的相机和高画质的胶卷。如图 1 所示,现在的胶卷是由超过 10 层的多层膜构成的,而各层中使用的银盐结晶粒的微细程度是最关键的。如图 2 所示,人们进行与此相关的研究来推进彩色胶卷的发展[参3]。事实上,薄膜技术的极限粒子是 0.1nm(构成物质的最小组成单位原子和分子的大小)。

在数码相机的新产品中,薄膜得到了越来越多的关注。图 3 是数码相机的示意图。因为单面镜头片反射入射光的 4%,那么双面就会反射 8%,这样通光量就会减少。如果有 8 枚镜头片的话,一半左右的入射光都会被反射,受光量只剩下一半。为了防止受光量不足,通常采用阻止光反射的薄膜。因为这种薄膜的存在,将镜头片倾斜一点的时候就会发现很漂亮的发光现象(在眼镜中被称为薄膜覆盖层)。这种薄膜使被拍摄对像的反射光几乎全部投向感光部。通过镜头片的图像会在摄像元件 CCD 图像传感器处转变为电子信号[参4]。CCD 本身也是利用薄膜技术经过几十回薄膜堆积而成的集成电路。进行高级图像处理的图像引擎搭载的薄膜半导体元件就利用了薄膜技术(图 3 的佳能相机就称为图像引擎)。这种技术是利用比 CCD 多 100 回以上的薄膜堆积而成的。按一下快门就可以轻松拍摄出漂亮照片的数码相机,随着薄膜技术的发展而得到了日新月异的改进。

要点
CHECK!

- 应用照相技术可以制造很多尺寸相同的产品
- 薄膜被广泛应用在极微小粒子起关键作用的摄影领域

图1 彩色胶卷是超过10层的多层膜

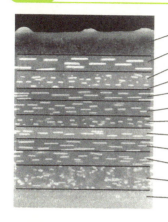

保护膜
蓝色高敏感度层
蓝色低敏感度层
蓝色吸收层,只通过比蓝光拥有更长波长的光线(黄色滤光镜)
绿色高敏感度层
绿色中敏感度层
绿色低敏感度层
第4层
红色高敏感度层
红色中敏感度层
红色低敏感度层
3-醋酸纤维素(TAC)胶卷

图2 1993~2003年间照片粒子的微小化

Super G 800
(1993)

Zoom Master 800
(2000)

Venus 800
(2003)

图3 数码相机的示意图

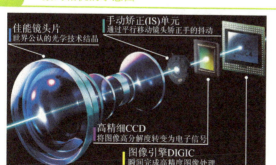

佳能镜头片
世界公认的光学技术结晶

手动矫正(IS)单元
通过平行移动镜头矫正手的抖动

高精细CCD
将图像高分解度转变为电子信号

图像引擎DIGIC
瞬间完成高精度图像处理

薄膜被广泛用在DIGIC(一般称图像引擎)中

（照片由佳能株式会社提供）

003　薄膜技术使机器人不断进化
利用薄膜材料与计算机进行精密制备

从东京市中心的饭田桥地铁站的售票口向右转,进入左侧的东京理工大学入学中心受理处,你就会发现一位面带微笑欢迎你的漂亮小姐。她会说:"我来为您提供博物馆等设施的接待服务"、她会跟人打招呼、懂得300个左右的单词以及700句左右的对话,也可以为你担任各个研究室的向导。这就是正在逐步完善的名叫"SAYA"(马来语中"我"意思)的机器人小姐。图1中展示了她歪着脑袋做各种可爱动作的样子。

对于那些腰部或膝盖有疾病,以及天生腿部残疾的人来说,每天工作搬运重物的工作实在是太辛苦了,我们能不能想出什么办法帮助一下他们呢? 当你想掌握正确的高尔夫球击球方法时,如果有一种可以提供纠正你击球姿势的自动装置该多好啊! 为了实现这些愿望,"肌肉套装®"(Mascle Suits,东京理工大学·小林研究室开发,注册商标)这个不错的想法(图2)就应运而生了。

在火花飞溅的汽车生产车间里进行工作的焊接机器人、将集成电路嵌入印刷线路板中的机器人,还有我们耳熟能详的在国际空间站活跃工作的机器人。机器人被广泛应用于各个领域,薄膜同样被广泛地应用于机器人领域。

图3举了一个利用薄膜制成可变电阻的例子。根据安置在一端的电压 V_o,以及点 P 位置的电压 V_p 就可以知道点 P 前进的距离。在图4中同样可以通过电压 V_r 知道旋转角度。此外,对各种传感器信号进行处理的计算机就是采用薄膜技术制作的半导体集成电路制造而成的。

机器人离我们的生活越来越近了。使用这些机器人,利用人工智能对从传感器传出的信号进行判断并采取正确反应的系统也会随着薄膜技术的运用得到持续的发展。

要点 CHECK!

- 机器人与我们的生活密不可分
- 薄膜被直接或间接地应用在机器人的各个部分

图1 机器人小姐"SAYA"

(照片由东京理工大学工学部·小林研究室提供)

图2 肌肉套装®

可以轻松地举起重物
（照片由东京理工大学的工学部·
小林研究室提供）

图3 平移测量电位计

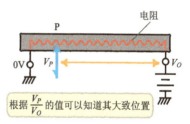

根据 $\dfrac{V_P}{V_O}$ 的值可以知道其大致位置

图4 旋转测量电位计

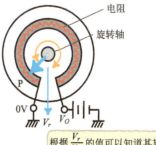

根据 $\dfrac{V_r}{V_O}$ 的值可以知道其旋转角度

　　以物质的最小单位——原子和分子为原材料,来进行生产、制造是薄膜的最大优点。这样的产品是采用了世界上最小的单位——原子与分子组合而成的,所以体积很小。也正因如此,在很小的面积内可以嵌入高密集的部件。利用这一特点,制造类似于人的"五官感觉"的实验近年来也得到了广泛关注。

　　在(*002*)中所讲述的 CCD 元件就是制造视觉感官的代表性例子。CCD 拥有与视觉大致相同的机能,可以将可视光转换为电学信号,而人工智能决定了信号是如何处理(数码相机的图像引擎)以及如何利用的(参照 *005*)。

　　话筒可以将声音转变成电学信号。利用声波引起的振动板震动会导致电容器电容的变化,继而转变为两端电压的变动,从而得到声音信号。当然话筒也有很多其他的工作方式。

　　就像调酒师甄别各种复杂的气味和味道一样,对人工味觉的研究也包括许多方面。图 2 就是其中的一个例子,在非常稳定的水晶振子上放置可以感应到气味的感应膜。如果吸附了气味成分,感应膜的质量就会发生相应的变化。这样就能根据质量的变化检测出气味。而味觉机理要更复杂,请参照相关参考书[参5]。

　　触觉也是极其复杂的,要从多方面进行研究。如图 3 所示,如果导电性橡胶的某部分受到挤压,里面电极的特定电势(电阻值)就会发生变化,然后通过传感器就可以得到表面形状的信息,这些仅仅是最简单的例子而已。无论在传感器的主要部分还是处理、解析数据的计算机中,利用薄膜技术制造的庞大 IC(集成电路)都在被广泛使用[参5]。

要点 CHECK!
- 薄膜被广泛应用在与人类感觉接近的传感器中
- 薄膜技术决定着进行信号判断的人工智能的性能

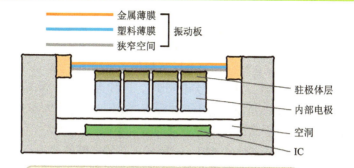

图1 静电型话筒

金属薄膜
塑料薄膜 ⎱ 振动板
狭窄空间

驻极体层
内部电极
空洞
IC

金属薄膜与内部电极形成电容器。电极间的驻极体层中存在一定的电荷。由于该驻极体层是在高压电极间将熔化的特氟隆等冷却凝固而制成，电荷(极偶电子)才得以长期保存。

图2 气味传感器

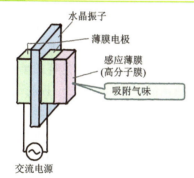

水晶振子
薄膜电极
感应薄膜
(高分子膜)
吸附气味
交流电源

在可以准确记录的水晶振子上附上可以吸收特定气味的高分子膜。当该膜上吸附气味时，就会引起电极质量的变化，从而使共振频率发生变化。当气味消失后会恢复正常。

图3 压力感应传感器

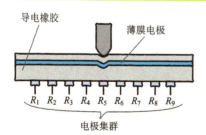

导电橡胶
薄膜电极
R_1 R_2 R_3 R_4 R_5 R_6 R_7 R_8 R_9
电极集群

在混合了碳粒子的导电橡胶上分布着很多微小的电极。外层轻轻施压的话，被压位置的电阻会变小，从而被检测出来。

005　制造人工智能

如今的电子设备在大多数情况下都是先将传感器输入的信号转变为电信号,然后通过计算机进行分析处理。这和人类将看到的映像传递到大脑,再进行分析、判断、使用的过程很类似。人类的大脑中存在大约150亿个脑细胞,就是这些脑细胞管理着人类的一切活动。

利用薄膜技术进行精密加工的研究正在紧锣密鼓地进行中。图 1 中展示了精密加工尺寸的发展曲线,目前可以达到 $0.05\mu m$($50nm$,5×10^{-5} mm)左右的精密程度。因此,我们可以在大约 $1cm^2$ 的地方组合了大约 1000 亿个晶体管与电容器(称为 1 比特)。虽然不能说 1 个脑细胞与 1 比特是等同的,但在瞬间记忆、计算能力及计算速度等方面,计算机是优于人类的。

图 2 是在 $1mm$ 厚的硅结晶板芯片上嵌入集成电路的截面示意图。图像最左端标出了这个线路的厚度为 $9500nm$($9.5\mu m\approx0.01mm$)。最右端所标示的晶体管的最小加工尺寸为 $40nm$(4×10^{-5} mm),中间是其内部构造。$1cm^2$ 大小的芯片中密密麻麻地集成了 1000 亿个这样的单元。这些微小的器件由 8 层的配线连接,形成记忆部分、演算部分、控制部分等,从而成为一个完整的集成电路。总之,薄膜技术是制作芯片的核心技术。

打个比方来说,东京品川区的"天王洲走廊",是一个由宾馆、住宅、购物、餐饮、办公楼、剧场等组成的综合型市区,这与集成电路的概念非常相似。

要点
CHECK!

● 薄膜集成电路是计算机的核心
● 薄膜被应用于制造人工智能的电脑IC芯片

图1 每个比特单位数的对数增长及最小加工尺寸的发展趋势

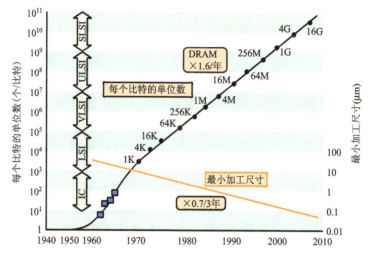

每个芯片（大约1cm²）中嵌入了1000亿个晶体管。它所能达到的最小加工尺寸为几十纳米。

图2 集成电路的截面示意图

截面图
配线层的高度9500nm：晶体管的长度40nm=动态比约为230：1

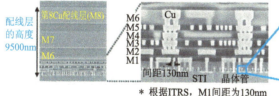

晶体管的切面图

＊根据ITRS，M1间距为130nm

左图是总体、中图是左图下部的放大、右图是精密加工
的中心——晶体管。
M1～M8为配线层。

（照片由松下株式会社提供）

名词解释

薄膜的测量单位 → 厚度使用μm（微米，1μm=10⁻⁶m）和nm（纳米，1nm=10⁻⁹m）进
行测量。

　　我们在日常生活中使用的许多电子产品内部都应用了薄膜技术。比如最近家电商场内的热销产品——几厘米厚的超薄电视，这种超薄产品取代了以前足有几十厘米厚的阴极管电视机，使用的是平板显示器（简称FPD）。这种平板显示器在两面玻璃与塑料薄膜之间使用了大量薄膜材料制成的复杂电子线路，因此这种超薄电视机就是薄膜技术的产物（图1）。

　　无论是家庭照明还是信号机的光源，都在逐步由荧光灯和白炽灯的钨丝照明向使用发光二极管的"LED照明"转变。同时，薄膜技术及半导体技术也使LED照明设备具有高使用寿命及高节能特性。薄膜技术还被应用在可以随时享受试听的CD、DVD等多媒体设备以及各种磁带的记录层上。你现在都在用哪些数码产品呢？除了笔记本电脑和手机外，也在使用电子计算器、电子词典、钟表、英语会话光盘等各种各样的数码产品吧。这些产品都使用了半导体和磁性薄膜等元件，它们在小型化的同时也实现多功能化。

　　在户外的一些地方从高处向街区远眺，你可能会发现有些屋顶上有深紫色的太阳能电池板。为了防止全球变暖，这种可以制造出清洁电能的太阳能电池得到了广泛关注。太阳能电池由两极组成，一极为透明导电薄膜（可以透光但不导电的透明绝缘体很常见，不过这种薄膜却既透光又导电）及硅薄膜，另一极为金属薄膜（参照图2、043、051）。

　　如上所述，薄膜技术通过将材料分解到只有原子和分子大小，再进行重新高密度的组合，就能够制造出小型化、多功能的产品，因此薄膜技术得到了广泛地使用。

要点
CHECK!

- 薄膜与我们的日常生活密不可分
- 薄膜技术有望被应用于全球的环保领域

图1 电器商店中陈列的种类繁多的超薄电视机

（照片由山田公司提供）

图2 安装在工厂屋顶上的340kW太阳能电池板

（照片由夏普公司提供）

007 利用不分解的压延技术,可以薄到什么程度

　　如果材料不进行原子或分子级别的分解,只进行单纯的压薄,大家认为可以到多薄呢? 金、银、铝等可以通过反复打压制成薄的箔片。例如金箔最薄可达 $0.1\mu m$ (10^{-4} mm),一吹就会随风而起。但即使如此,在它的厚度方向上也排列着大约 1000 个金原子。达到这样的厚度需要特殊的加工。首先为了得到更好的延展性,需要添加少量的银或铜制成合金,然后用压延机(roller)压延到 3×10^{-2} mm,将得到的薄板夹在纸中间再进行压打(可达 3×10^{-3} mm)。之后,把已经加工到薄如纸的箔片,用特制的纸夹住再进行压打(可达 3×10^{-4} mm),反反复复进行多次作业。

　　图 1 是 2001 年得到“日本指定重要无形文化财产保持者”(人间国宝:釉裹金彩技术持有者)认证的吉田美统先生正在创作的情形。吉田先生的方法是在白瓷器的素坯上涂上色釉进行烧制,烧完之后利用海萝(一种特殊的浆糊)将已剪下的金箔贴在表面,再涂上透明釉进一步烧制完成(由于金箔极其薄,据说是用纸夹着用手术刀剪出美丽形状的金箔)。铝箔可以由块状金属来制作,先把铝块在高温中用压延机进行热压延,之后进行常温冷压得到箔坯(厚约 1mm)。这道工序之后,用图 2 所示的方法进行处理就可以得到家用铝箔。值得注意的是利用最终箔压延机,将 2 片叠放在一起可以加工到 $4\mu m$ 之薄。铝箔之所以内外不同是因为叠放的原因(仅有一片时只可加工到 $20\mu m$)。利用以上介绍的压延方法,金箔厚度可达 10^{-7} m,铝箔可达 10^{-6} m。若想把这些膜进一步制薄,得到高纯度的薄膜,就要利用薄膜技术了。

要点
CHECK!

- 金或银可以利用压延技术压薄
- 利用不分解的压延技术我们得到的是“箔”,而不是薄膜。箔在美术和日常生活中用处很多

图1 人间国宝 吉田美统先生的作品

图2 铝箔的制作工序

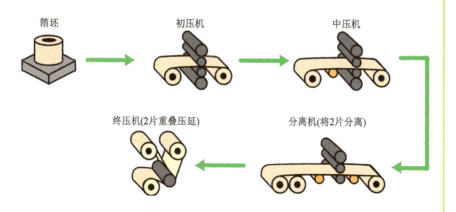

箔坯　　　初压机　　　中压机

终压机(2片重叠压延)　　　分离机(将2片分离)

薄膜是如何生产制造的呢？

冬天的早晨我们经常会在院子里发现水坑中的水已结冰了。冰是水的固体形式，冰受热之后就会变成水（液体），把水加热就会变成水蒸气（气体）^(注)。这个过程中分子被打乱而变得杂乱无章。制造薄膜的出发点正是这种杂乱无章的状态。

如果换成铝（Al）或金（Au）会怎样呢？因为这些是金属，无论怎么加热都不会变成蒸气，而且铝被氧化，表面就会变白。将金属打乱到分子的量级并利用可不是那么简单的。金属无法变成蒸气是因为存在大气压，所以，为了将金属打乱成原子和分子级别大小，需要将其放置于真空状态下加热。不仅仅是加热，还有后面将要讲述的溅射、离子镀、气相沉积法等，这些方法都被统称为气化源法。

如图1所示，在真空中，金属原子和分子的散乱程度既不会受到影响，也不会发生被氧化的现象。在装置中，从气化源释放出的金属原子与分子，以每秒几百米（音速）到每秒几万米不等的速度到达要被覆膜的基板（硅基板和玻璃基板）表面，然后冷却凝固后形成薄膜。薄膜制造完成后取出被覆膜的基板，在基板表面利用照相技术烧制成图形（线路模型等）。然后，将模型上不需要的部分移除（蚀刻法），就制作出了电子线路等薄膜模板。因为蚀刻法本身就是在原子和分子级别下进行的（第11章中详细讲述），所以我们可以制造出尺寸极小的薄膜模板。

要点
CHECK!

- 气化源的周围需要真空条件
- 制作薄膜模型的蚀刻法是在原子和分子级别下进行的

注：从开水壶的壶口处冒出的白色蒸汽，是水分子大量聚集在一起的水滴，并非无规则的水分子。

图1 在真空容器中制作薄膜

a 真空薄膜形成装置

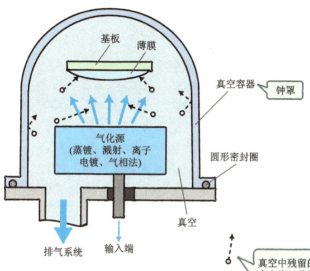

真空中残留的气体，多少会产生一些影响。下面就忽略了残留气体的存在，不做标示。

b 真空装置

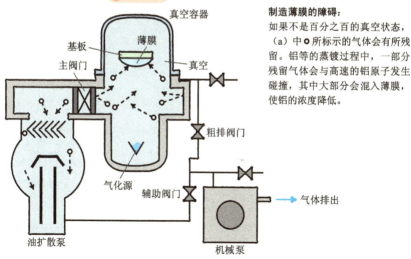

制造薄膜的障碍：
如果不是百分之百的真空状态，（a）中○所标示的气体会有所残留。铝等的蒸镀过程中，一部分残留气体会与高速的铝原子发生碰撞，其中大部分会混入薄膜，使铝的浓度降低。

COLUMN

真空的含义

在佛教的经书里也有"真空"这个词汇。

"真空"在词典中的意思是:"真的理性境界(大彻大悟——译者注),远离一切尘俗困惑。之空"(广辞苑第2次修正版)。这种"万物皆空"(大智慧)的境界是所有修行僧人所追求的目标。

但从科学的角度解释,真空是"完全空白"的意思,所以我们将完全空白的空间称为"绝对真空"。但目前人类无法达到上述的"完全空白"的真空状态,所以,所谓理想真空、绝对真空只是理想真空的一个概念而已。

我们的前辈们付出了很多辛苦努力才对真空进行了定义。"如果没有空气的阻碍该多好",最初对于真空的理解就来源于这个想法。因为没有空气阻碍的话,在空气中飞行的炮弹就不会受阻了。对于电视机的显像管来说,为了保证电子枪进行正常扫描,需要小于一亿分之一个大气压的真空环境。这样的标准是很模糊很难确定的,最后标准变成了只要比大气压(不足1大气压)低就可以。现在,我们按照这样的标准来区分真空度。

真空度	代号	压力标准范围
低真空(Low Vacuum)	LV	大气压(以下)～100Pa
中真空(Medium Vacuum)	MV	100(以下)～0.1Pa
高真空(High Vacuum)	HV	1×10^{-1}(以下)～1×10^{-5}Pa
超高真空(Ultra-High Vacuum)	UHV	1×10^{-5}(以下)～1×10^{-8}Pa
极高真空(Extreme High Vacuum)	XHV	1×10^{-8}(以下)Pa～
绝对真空		0Pa

第 2 章

制备薄膜的重要
环境条件——真空

真空环境是制备薄膜的重要条件。
我们既要理解真空的含义,也要理解制造薄膜所需的最适宜环境及设备。
只要有好的设备,薄膜的制备就会变得事半功倍。

因为真空的状态是肉眼看不到的,所以人们以前一直都认为真空就是万物皆空。目前,人们在实际中使用的最高真空度可达一万亿分之一大气压。下面以常温(25℃)的氮气为例,我们可以将真空状态总结为4点:①1ml(1cm³)的氮气中存在355万个气体分子(**分子密度**)。如此多的气体分子毫无疑问会非常频繁地发生剧烈碰撞;②从一次碰撞到下一次碰撞的平均距离(**平均自由行程**)大约是509km(相当于东京到大阪之间的距离);③这些气体分子也在时刻撞击着容器内壁。平均每秒钟,每平方厘米的面积上就有380亿次分子撞击(**入射频率**);④如果撞击在内壁上的气体分子全部吸附在表面上,并平整排列将内壁表面覆盖,这样形成第一层吸附层大约需要3.5个小时。在1ml的体积内存在355万个分子,而且分子可以飞行509km而不与其他分子发生碰撞,这看起来是不可能的事情,可是因为分子极其微小而实现了。

虽然我们看不到真空,但却可以通过实验意识到它的存在。意大利的托里拆利(Evangelista Torricelli,1608~1647)在1643年用实验让我们观察到了真空的存在。托里拆利实验如 图 1 所示,A 试管中最上面的空白部分就展示了真空的存在,所以它被称为"**托里拆利真空**"。后来,人们发现在这些真空中仍然存在着水蒸气和水银蒸气,分子数量是刚才提到的355万个的百亿倍。如今,JIS(日本工业标准)中将"低于标准大气压的空间状态"定义为真空。比如,当我们呼吸时肺部会扩张,而吸气前肺部内的气压会比大气压低,这时肺部内就形成了真空。还有接吻的时候,也同样会形成真空。

要点
CHECK!

- 真空是低于标准大气压的气体空间状态
- 人类吸气时肺部内也会形成真空

图1　托里拆利真空

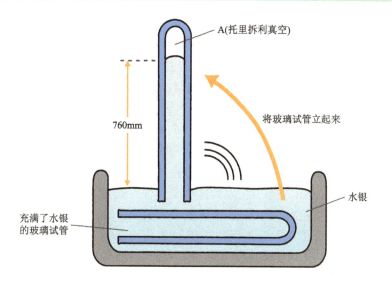

A(托里拆利真空)

760mm

将玻璃试管立起来

充满了水银
的玻璃试管

水银

图2　人类呼吸时会形成真空

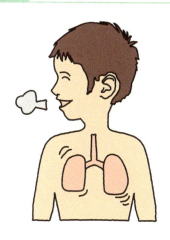

名词解释

　　真空的定义　JIS(日本工业标准)中将真空定义为低于标准大气压的气体空间状态。现在,
我们将内部完全空白的状态称为"绝对真空"。

因为真空表示的是一种状态,所以我们不能用描述事物的几个、几千克之类的单位。真空是用压强进行测量的(单位面积上受到的压力:N/m²→Pa),所以**真空的单位**是 Pa(帕斯卡)。我们用托里拆利真空来说明一下。

对(009)中的实验稍作改动,如图 1 所示,使用密封盖并安装真空泵。1 大气压时水银柱的高度为 760mm,底部位置每 1cm² 上承受重量为 1026g,约为 1kg/cm² 的压力(因为这个压力与 A 处大气压力相互平衡,所以 1 大气压也就相当于每 1cm² 上承受略大于 1kg 的重量)。利用真空泵降低容器内部压力(使与 B 保持平衡的 A 力变小),水银柱的高度变成 1mm 时,每平方厘米上承受的压力为 1.35g。这时的压强为 133Pa,以前也表示为 1 托。因此,1Pa 对应的压力约为每平方厘米 0.01g。

排气的水银柱高度为 0.1mm 时,压强为 13.3Pa,0.01mm 时为 1.33Pa,0.001mm 时为 0.133Pa,即压强随着水银柱的高度会有 1.33×10^{-1}Pa、1.33×10^{-2}Pa、$\cdots$、1.33×10^{-n}Pa 这样的变化。在真空领域,我们称为"真空度 10 的负 n 次方",通过具体的水银柱高度我们可以体验这些压力的单位。(009)中实际上能达到的最高真空程度为 1×10^{-8}Pa。

这样低的压力如果用水银柱高度来表示的话。别说是肉眼,就是光学测量仪器都不能测量出其高度。所以,人们开发出了各种类型的真空测量仪器。当然制造真空的真空泵也是一样的。在真空的环境下,对真空中残留气体(这里称之为**真空的质量**)的分析同样至关重要。

自然界中也存在着这样的低压力。图 2 是从富士山到宇宙飞船的高度与压强的关系示意图,在高空可以看见极光。现在我们利用真空泵也可以达到与遥远宇宙的压强相当的程度了。

要点
CHECK!

- 真空的单位也是压强的单位——帕斯卡(Pa)
- 1mm高的水银柱对应的压强为133Pa

图1 托里拆利真空

图2 宇宙空间与压强

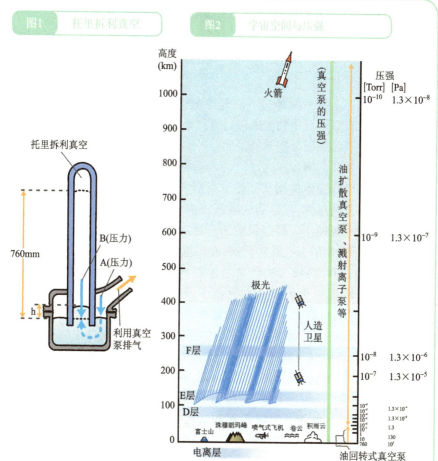

压强的单位Pa与Torr

旧制压强单位Torr是以托里拆利(Torricelli)的名字命名的,1mm高的水银柱对应的压强为1Torr(当初被称为1mm汞柱),这样便于理解真空关系。1992年对计量法进行了修改,大气压(低气压·高气压)、活塞、压强的单位全部以发现了流体压力相关原理的帕斯卡的名字(Pascal)进行统一命名,同时真空的单位也变成了Pa。

　　真空泵大体上分为两种。一种是像电动吸尘器（又称真空吸尘器）那样将空气从真空容器中抽出来进行排气[注]，另一种是像除臭剂吸收气味那样吸附空气。下面分别举例说明。

　　机械泵。如图1所示，每分钟大约旋转60圈的转子转动的同时，由弹簧连接的滑动片发生伸缩从而将空气吸入，压缩后排出。机械泵可以从1个大气压开始排气，可得到的最低压强（真空度）为10^{-2}Pa。这种装置经常作为辅助泵使用。**吸附泵**的工作原理是，在图2中心部分的容器中，装有类似活性炭的多孔质吸附剂，在保温瓶里充入液态氮气可以冷却到-196℃左右，即可将通入法兰与之连接的真空容器内的气体吸附，从而形成真空。吸附泵也可以从大气压下开始工作，最低压强可以达到10^{-2}Pa。吸附泵与机械泵一样是作为辅助泵被使用的。

　　扩散泵。如图3所示，将蒸发器中的特种油蒸发，从喷口中以超音速喷出蒸气，喷流将空气不断向下压缩，使之从排气孔排出。排出的气体通过与之连接的辅助机械泵排出。这种真空泵可将压强从1Pa降低到10^{-8}Pa左右，所以可以作为主真空泵使用。**低温真空泵**如图4所示，利用-193℃、-263℃这样的超低温吸附面和活性炭来吸附包括水蒸汽、氨气、氯气、氢气、氦气的所有气体。低温泵也可以从1Pa降低到10^{-8}Pa以下，这种真空泵也可以作为主泵使用。将机械泵和扩散泵这种使用油的真空泵称为湿式真空泵，不使用油的称为干式真空泵。

要点
CHECK!

● 机械泵与吸附泵属于辅助泵
● 扩散泵与低温真空泵属于主泵

注：气象观测史上，有记录的最低气压为台风20号（1979年10月19日横穿日本），其气压值为0.86标准大气压。即使如此巨大的自然力量，也只

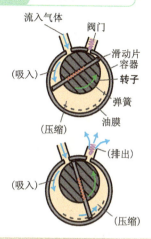

图1 机械泵

流入气体
阀门
（吸入）
滑动片
容器
转子
弹簧
油膜
（压缩）

（吸入）
（排出）
（压缩）

如上图所示，旋转一些后，左室体积变大（吸入），右室体积变小（压缩），如果再继续进行旋转的话左室会被封闭独立，最终被压缩。

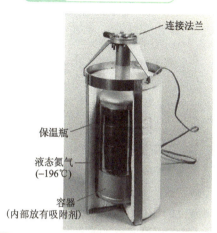

图2 吸气泵

连接法兰
保温瓶
液态氮气
（-196℃）
容器
（内部放有吸附剂）

将容器中的活性炭冷却到-196℃。气体被吸着以达到排气的目的。

（照片由佳能ANELVA公司提供）

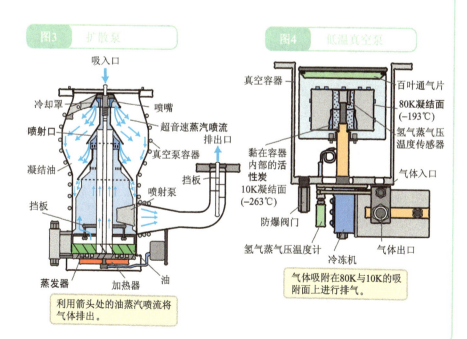

图3 扩散泵

吸入口
冷却罩
喷嘴
喷射口
超音速蒸汽喷流
排出口
凝结油
真空泵容器
挡板
挡板
喷射泵
蒸发器
加热器
油

利用箭头处的油蒸汽喷流将气体排出。

图4 低温真空泵

真空容器
百叶通气片
80K凝结面
（-193℃）
氢气蒸气压温度传感器
黏在容器内部的**活性炭**
10K凝结面
（-263℃）
气体入口
防爆阀门
氢气蒸气压温度计
冷冻机
气体出口

气体吸附在80K与10K的吸附面上进行排气。

能在地面形成这样的低气压。人工制造真空时，使用真空泵将特殊真空容器中的空气排出，使容器内部形成真空。

利用真空的第一步就是要知道当前的真空度,而**真空计**就是测量真空度的仪器。在相同真空度的情况下,残留的气体成分也同样是至关重要的(氧气和水蒸汽等容易使薄膜氧化的气体更为有害)。下面我们介绍一下常用的真空计。

盖斯勒(放电)管如图 1 所示,它的构造比较简单,在直径为 20mm、长为 200mm 左右的玻璃管中放置两个电极,这样形成了简易真空计。在两端通上高压时,玻璃管会像霓虹灯广告牌那样随着压力的变化而引起放电的变化。当气压在 1Pa 左右时,放电会消失,玻璃管内部会出现荧光。1Pa 是从辅助泵切换到主泵时的压力,因为盖斯勒管成本低,所以它得到了广泛地使用。

厚度在 0.05mm 以下的薄膜即使受到很小的作用也会发生明显的变形。图 2 中的**隔膜真空计**就是通过测量固定电极之间的静电容量变化来测量压力的。这种方法既没有盖斯勒管中的放电,也没有下面将要讲述的 B-A 型电离真空计的热阴极,化学性质很稳定,所以得到了广泛应用。

图 3 为 **B-A 型电离真空计**的工作示意图,该真空计选用 0.1mm 直径的钨丝做阴极,对阴极进行通电使其白热化,同时受栅极(阳极、正电位)吸引就会放出电子。这些电子撞击空气分子,使得空气分子中的电子被弹射出而形成正离子。随着气体分子的增多正离子会增加,气体分子减少时正离子也会随之减少。这些正离子流入负电位的离子电极中,这时产生的离子电流 I_i 与压力成比例,用这种原理制造的真空计可靠性高,所以它得到了广泛使用。为了了解真空室中残留的气体种类,**质量过滤器**就得到了广泛应用(请参考卷末的参考文献)。

- 盖斯勒管是容易观察、成本低廉的多用途真空计
- 隔膜真空计可以抗化学反应,B-A 型电离真空计可靠性高

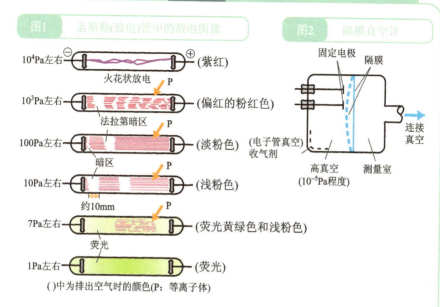

图1 盖斯勒(放电)管中的放电图像

10^4Pa左右 ○─ ⊕(紫红)
火花状放电 P
10^3Pa左右 ─ (偏红的粉红色)
法拉第暗区 P
100Pa左右 ─ (淡粉色)
暗区 P
10Pa左右 ─ (浅粉色)
约10mm P
7Pa左右 ─ (荧光黄绿色和浅粉色)
荧光
1Pa左右 ─ (荧光)
( )中为排出空气时的颜色(P：等离子体)

图2 隔膜真空计

固定电极 隔膜
(电子管真空) 收气剂
连接真空
高真空 (10^{-5}Pa程度) 测量室

图3 B-A型电离真空计

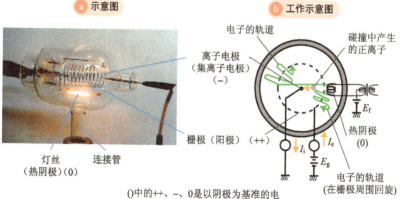

a 示意图

灯丝 (热阴极)(0)
连接管
离子电极 (集离子电极) (－)
栅极（阳极） (++)

b 工作示意图

电子的轨道
碰撞中产生的正离子
E_f
热阴极 (0)
I_i I_e
E_g
电子的轨道 (在栅极周围回旋)

( )中的++、－、0是以阴极为基准的电极电位。电池表示实际的电压。

　　排出真空容器中的原有气体不需要很长的时间,只需要几分钟。然后如图1所示,气体会再次流入真空容器内。其中,①**泄露的气体**和②**透过容器壁进行扩散的气体**,这两个问题随着科学技术的进步已经基本得到解决,而③**吸着气体**和④**隐藏于结构内部的气体**仍是困扰人们的难题,所以制造真空容器时需要选择如不锈钢等在真空中熔炼制成的材料。容器内的真空度(压力)由真空泵的性能(排气速度)和真空容器内释放出的气体之间的平衡状态所决定。

　　如图2所示,利用质量过滤器可以检测出残留气体。(A)是以扩散真空泵作为主泵使用的情况,(B)是利用干式真空泵的情况。二者的区别在于是否存在质量数(M/e:进入离子电极的粒子质量 M 与离子电荷量 e 之比)大的气体。(A)中的 DP 法质量数大于 45,扩散真空泵中的油蒸气有少许逆流进入真空室,会对薄膜制备产生影响,所以要采取措施来除去这些油蒸气。这种方法因为使用了油所以被称为"**湿法**",(B)中只有氢气和水蒸气,所以被称为"**干法**"。

　　接下来我们就真空产生装置进行介绍。在干法中为了得到低压的真空(如图3所示那样),以低温真空泵为主泵,机械泵为**辅助泵**,两者配合使用。为了保证一天内可以多次镀膜,需要使用大的**主阀门**,而且基板装卸部分外的环境要保持真空。将薄膜覆于基板的时候需将主阀门打开并向右移动,使气化源开始工作。这样,15 分钟左右就可以完成一次镀膜工作,而且使用干法的时候不用考虑油污染。如果想形成 100 倍左右的低压真空,只需利用加热设备对橙色线区域加热,使其排气即可。

要点 CHECK!

- 真空条件是否适度是制备薄膜的重要考虑因素
- 要注意真空容器中残留气体的种类

图1 流入真空容器中的各种气体

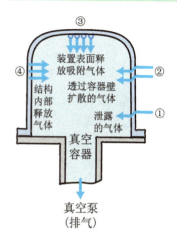

图2 真空容器中残留的各种气体

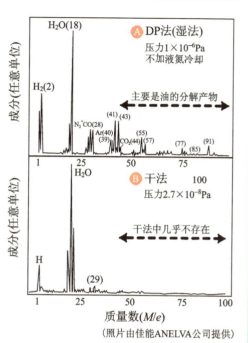

（照片由佳能ANELVA公司提供）

图3 真空装置的例子

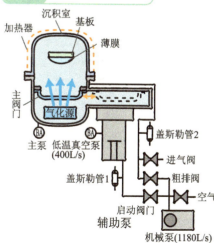

设备启动： 关闭主阀门，关闭粗排阀，打开启动阀门使辅助泵工作并进行排气，直到盖斯勒管1中的放电现象消失。然后，利用低温真空泵工作得到高真空。最后关闭启动阀门，使容器保持真空状态。

镀膜： 在沉积室的开口处放置基板，关闭沉积室和粗排阀，然后进行排气直到盖斯勒管2中的放电现象消失。关闭粗排阀，打开主阀门进行排气，当达到所要求的压力（B-A型电离真空计测得）时，使气化源工作，开始镀膜。

取出基板： 关闭主阀门，打开进气阀（氮气或者空气）使沉积室内压强回归到标准大气压。打开沉积室更换基板。然后关闭沉积室进行下一个基板的镀膜工作。

质量瞬移

以前有一部名为《苍蝇人》的电影。电影里有两个密封的仪器,科学家先进入仪器 A,然后接通电路启动装置。随着发光后一股烟的升起,这个人就凭空消失了,而后出现在另一个仪器 B 中。如果将仪器 A 放在东京,仪器 B 放在纽约,这个科学家就可以实现在东京与纽约之间的瞬间移动了。这就是关于神奇的质量瞬移系统的研究。

有一天,科学家像平常一样进入仪器 A 中。但是,他没有注意到有只苍蝇不小心也飞进了仪器中,启动装置后出现在仪器 B 中的不是人也不是苍蝇,而是成了苍蝇人。这真是太糟糕了……

对于薄膜而言,仪器 A 可以看做是气化源,另一个仪器 B 可以看做是基板。一方面,原子被打乱,杂乱无章;另一方面,这些原子通过整齐地排列形成了薄膜。

加工过程中就没有"苍蝇"(相当于真空中残留的气体分子)混入吗?加工后的基板是否达到了预期的效果?基板受冷之后会不会产生变形?这些都是令人担忧的问题。当然还有,原子是整齐排列的吗?原子们是如何形成薄膜的?

将原材料加工成薄膜要费很多工夫!

薄膜的制备

先将制作薄膜的材料分解到原子和分子大小，
这些无序的原子或分子即为制备薄膜的基本单元。
杂乱无章的原子和分子会在基板上形成薄膜，形成的方式和种类是多种多样的。
薄膜的厚度极其薄，所以需要牢靠地附着在基板上，
我们利用的正是薄膜的这一特性。

薄膜制备的要点是制备铝合金、化合物等薄膜原材料(以下称为**薄膜材料**),以及将材料分解成原子或分子大小,并使之弥散成为气体。另一个要点是,如何将气化的薄膜材料射向玻璃或硅片那样的基板表面,制作出和原材料材质相同的薄膜(气体在这里凝结成固体)。此时,基板的表面及周围能否提供薄膜生长的适宜环境是很关键的。正如我们反复叙述的那样,这个适宜的环境条件是真空和基板的温度等。

图 1(a)就是一个例子。在这个装置中,**气化源**的周围是真空状态。启动气化源,将薄膜材料射向基板。如图 1(b)所示,使薄膜材料散乱的气体源有很多,现在也不断有新的方法被开发出来。对于那些方法的详细内容,在第 7 章到第 9 章中会有讲述。

被气化的薄膜材料,其大小可达到原子和分子量级,即 0.3nm 左右。因此即使是很细微的薄膜也可以达到很高的密度。

气化源的种类不同,从气化源飞出的原子和分子的速度也有所不同。利用热处理的方法(蒸镀或气相沉积法)产生的原子和分子速度可以达到每秒几百米与音速相当的速度。虽然离子镀和蒸镀产生原子和分子的情况相同,但产生的原子和分子却被几千倍甚至几万倍地加速。溅射中产生的原子速度也可以达到蒸镀的几十倍——每秒几千米。原子分子速度对于薄膜的生长有很大的影响。真空中原子和分子移动因为没有阻碍,所以沿最初飞行方向做直线运动。到达基板的原子和分子,在不到 1 秒的时间内,就可以被冷却到接近基板的温度——常温或 300℃左右。

要点
CHECK!

- 分子或原子是从气化源中飞出的,它们是制备薄膜的原料
- 为了不阻碍原子的移动,气化源与基板之间需要形成真空

图1 薄膜技术的梗概

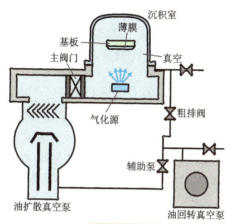

a 真空薄膜制作设备

沉积室
薄膜
基板
主阀门
真空
气化源
粗排阀
辅助泵
油扩散真空泵
油回转真空泵

在气化源中将薄膜材料气化，然后使其在基板表面形成薄膜

b 气化源与基板

基板　薄膜

真空容器（沉积室）

气化源
（蒸镀法、溅射法、离子镀法、气相沉积法）

密封圈

真空

排气孔　各种端子

气化源有很多种

表1 制造薄膜时的金属沸点、熔点及基板的温度

	沸点(℃)	熔点(℃)	一般的基板温度(℃)
铝	1 800	660	常温~300
金	2 680	1 063	常温~300
钨	4 000	3 600	常温~300
(水)	(100)	(0)	(常温)

015 四种气化源

气化源是将材料分解并打乱成最小单元的装置。气化的方式有很多种,而且还在不断地研究中。大体上我们可以如图1所示那样将气化源进行分类。

蒸镀法是在真空条件下加热材料,使其变为杂乱无章的原子(气体),然后在基板上附着凝结从而制成薄膜。与此同时加热装置中的杂质也会被蒸发出来,所以需要采取措施避免杂质混入薄膜中。

离子镀法是将薄膜材料通过中间的等离子体区域,使原子中的部分电子分离出去,形成正离子。同时,在基板处连接负电压(几千伏),使正离子加速并沉积在基板表面。离子镀中的原子速度是蒸镀法中原子速度的几千至几万倍。

溅射法是在由薄膜材料制成的靶(负电位)与基板之间产生等离子体、进而使等离子体中的离子强烈撞击靶表面的一种方法。撞击的能量使靶原子从表面飞出(溅射因此得名)。溅射原子速度是蒸镀法原子速度的几十倍。因为可以使用大面积的靶材,所以这种方法适合薄膜的批量制作。

气相沉积法是将含有薄膜材料原子的气体导入高温的基板表面(比如硅,就是以含有硅的 SiH_4 为原材料),在基板表面引起热分解等化学反应,从而在表面形成薄膜。虽然高温的基板可以制造出高纯度的薄膜,但这种方法对于塑料之类的非耐热性材料不适用。

在基板上覆膜的时候,大多情况下需要在基板上全面覆上一层等厚的薄膜。以光来打个比方,蒸镀法和离子镀法的气化源相当于点光源(比如小灯泡的正上方是明亮的,而周围很暗),而溅射法和气相沉积法的气化源则相当于面光源。

> 要点
> CHECK!
> - 薄膜的制作方法大体上分为蒸镀法、离子镀法、溅射法和气相沉积法
> - 在基板上全面覆上等厚的薄膜很重要

图1 薄膜的制备方法

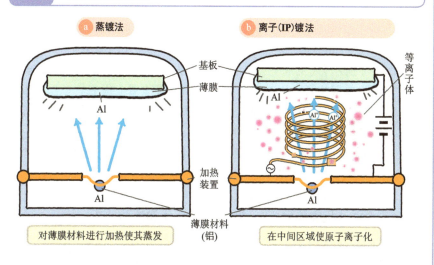

a 蒸镀法

基板
薄膜
Al
加热装置
Al
薄膜材料(铝)

对薄膜材料进行加热使其蒸发

b 离子(IP)镀法

等离子体
Al
Al⁺ Al⁺
Al

在中间区域使原子离子化

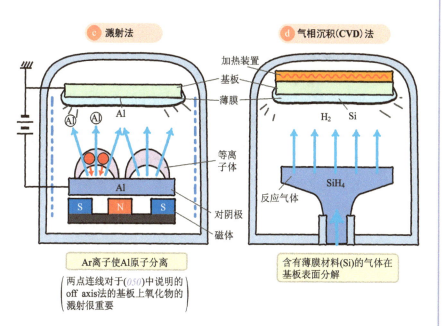

c 溅射法

Al Al Al
等离子体
Al
S N S
对阴极
磁体

Ar离子使Al原子分离

两点连线对于(050)中说明的
off axis法的基板上氧化物的
溅射很重要

d 气相沉积(CVD)法

加热装置
基板
薄膜
H₂ Si
SiH₄
反应气体

含有薄膜材料(Si)的气体在
基板表面分解

016 单层生长与形核长大

薄膜的生长①

　　如图1所示，气化源中飞出的原子在基板上整齐地排列，并形成薄膜的过程称为**单层生长**。以这种方式生长的薄膜质量会很好。单层生长是在特定的条件下进行的。当基板为晶体的时候，在上面附着的薄膜原子和基板原子的大小大致相同（性质相近），则如（a）中那样整齐排列。在（019）中会有具体介绍，这种现象一般发生在水表面附上水膜，或在金晶体表面附上金膜这样的情况下。

　　如图1（b）的（B）～（D）所示，一般情况下，高速飞行的原子撞击基板，原子会在基板表面发生迁移（这时为气体和液体状态），并逐渐形成原子对或原子团（也有（F）中那种反弹的情况发生）。这些原子团会被捕获（**捕获中心**存在于原子水平大小的凹坑、台阶等）形成薄膜生长的**核**，如（E）所示。这个核会与后面到来的原子或相邻的核合并，并不断长大。由10个以上原子组成的核称为**稳定核**，它会逐渐长大，最后形成薄膜。这个过程被称为**形核长大**。

　　通过电子显微镜观测（图2），薄膜的平均厚度为原子直径的十倍左右（大约5nm），薄膜在基板上看上去仅为一些很小的点，这些点结合在一起形成了岛（b）（称为**液滴聚结体**）。岛与岛连成一片，片与片之间残留着海峡状沟道（c～d），最后一同形成了覆盖在基板上的薄膜（f）。薄膜在生长初期是液态的，急速冷却之后形成了岛状的液态与固态的混合态，而后继续生长。通过电子显微镜可以观测到，这与用喷雾器喷到玻璃上的水滴很相似。水滴先慢慢长大，然后聚合在一起，体积进一步变大，最终合为整体将玻璃表面覆盖。正因如此，我们将其称为液滴聚结体。

要点 CHECK!

- 在薄膜中的生长有单层生长和形核长大两种
- 形核长大的过程一般是：点→岛→海峡或湖状的部分薄膜→连续薄膜

图1 薄膜的单层生长和形核长大

a 单层生长

薄膜(结晶)

基板结晶

在整齐排列的基板原子上,飞来的原子进行整齐地排列。

b 形核生长

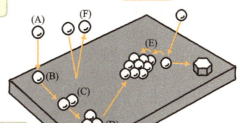

飞来的原子聚集成为核,并继续生长为薄膜。

图2 薄膜的核生长(参6)

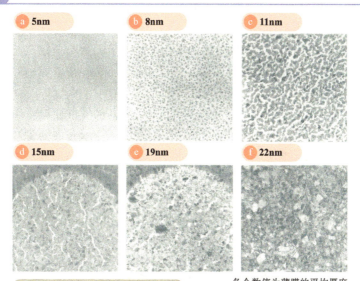

a 5nm　　**b 8nm**　　**c 11nm**

d 15nm　　**e 19nm**　　**f 22nm**

薄膜的形核生长是从小的颗粒(核)作为起点,逐渐形成薄膜的。

各个数值为薄膜的平均厚度

017 薄膜内部缺陷
薄膜的生长②

　　为了便于理解薄膜的生长,可将这个过程类比成人们乘坐电车时的情形。

　　白天乘车的时候,因为车上人比较少,所以乘客可以根据自己的喜好随便选择座位。这类似于在单晶硅上平整沉积硅薄膜的情况。

　　但是,在早晨的交通高峰时间,情况又是什么样的呢? 电车一到,大家都迅速往里面挤,电车里面同样非常拥挤,人们只能紧紧地抓住把手。有时候可能还会给周围的人添麻烦。对薄膜来讲,就相当于破坏了材料原子与其在基板上特定的位置关系,(016) 图 1 (b) 中的基板与○的温差很大,基板的温度比○的熔点还要低得多,所以○会在短时间内熔化成液态,最后又凝固成固态。就像将湿的手指放在冰箱里或者温度很低的金属上,手指就会很快粘在上面(图 1 中的 b)。

　　当电车开动之后(相当于对薄膜进行热处理),车内的人们会稍微稳定下来,但仍很拥挤。就像在薄膜中残留着间隙(缺陷)一样,而缺陷不可能消失。

　　对于薄膜来说,原材料称为**块体**。比如对于铝薄膜的铝块。市面上销售的铝、铁、不锈钢等散装是将矿石中的杂质除去,并添加一些必要材料、精炼而成的产品。

　　块体材料在制作过程中通过溶解、加压等方式尽可能地将内部缺陷去除。形成薄膜之后就不能再使用溶解的方法了,因为内部会残留大量的缺陷和变形。即便是这样,薄膜还是有广泛的应用,因为它具有着厚度薄、可以使器件超高密度化和超小型化的优点。当然,我们还是要尽可能地采取措施来减少缺陷。

要点 CHECK!

● 薄膜生长过程可以类比成人们乘坐电车的情形
● 需要通过热处理等方法来除去薄膜的缺陷

图1　形成多晶时

a 薄膜刚刚形成时(存在很多缺陷)

● 电车类比 ●

一拥而入 ➡ 薄膜刚刚形成(存在很多缺陷)

● 薄膜中的情况 ●

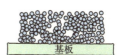

基板

刚形成的薄膜
中存在很多缺陷

‥‥‥‥‥‥‥ 热处理 ‥‥‥‥‥‥‥

b 电车开动后逐渐稳定、缺陷减少

电车启动
(热处理) ➡ 缺陷减少
多晶薄膜

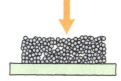

缺陷减少但
不会消失

图2　依据薄膜结晶构造的分类

薄膜

① 单晶薄膜　　整个薄膜只由一个单晶构成, 在各领域中极受关注。

② 多晶薄膜　　大量微小的晶体集合。最简单易得的普通薄膜。

③ 非晶薄膜　　相邻的几个原子间保持着秩序(短程有序), 但从总体来看是
无秩序状态(长程无序), 这种薄膜有很重要的用途
(比如太阳能电池)。

　　薄膜技术就是利用薄膜的"薄"，但正因为薄，薄膜是不能单独起作用的，必须以基板作为支撑物，使薄膜附着在基板上才可以发挥效果。因此薄膜和基板要保证紧密结合，不至于很容易被剥离。

　　薄膜和基板的结合方式很重要。结合方式分为**化学结合**与**物理结合**。化学结合的代表方式是**烧结**，即利用强烈发热达到坚固的结合。结合之后如果要将二者分开回到最初的状态需要很大的能量。薄膜和基板的结合希望能够达到这样的强度。

　　另一方面我们生活中也有关于物理结合的例子，例如寒冷时玻璃表面的雾气。这种结合很弱，由于发热少，所以只要略微加热，水分就会离开玻璃表面。

　　从化学反应的**结合键**（bond）来考虑，化学结合是利用物体表面没有结合的原子或分子的结合键结合（拥有共有电子对形成的共价键，由离子间的相互作用力形成的离子键，金属原子集合而形成的金属键）而成的情况。实际上，为了增强薄膜和基板的结合，人们采用了各种方法，这些在（024）~（028）有更详细的说明。

　　为了更好地理解薄膜的薄厚程度，在表1中对很多物质进行了比较。有厨房用品的保鲜膜、铝箔、工艺用的金箔等，这些在我们周围存在的薄的物品。这些都是把块体材料拉长延伸、使材料变薄后得到的。另外，镀金首饰上的薄膜是使薄膜逐渐生长制成。前者不容易变薄，所以称为"膜"或"箔"，后者不容易变厚，所以称为"镀膜"。现在使用最多的是100nm左右的薄膜，比毛发的直径或细菌还要小。

要点 CHECK!

● 薄膜只有与基板结合才可以起作用
● 使膜与基板发生化学结合可以得到高强度的薄膜

图1 物理结合与化学结合

寒冷时玻璃上的雾气→物理结合

马上就分离

柴堆等的燃烧→化学结合

分离需要很大的能量

表1 各种各样的膜以及它们的厚度

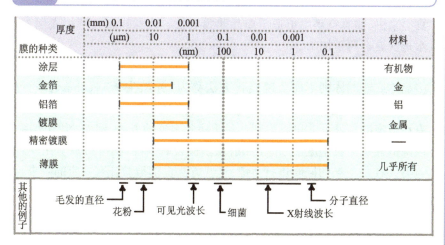

厚度 (mm)	0.1	0.01	0.001					材料
膜的种类 (μm)		10	1	0.1	0.01	0.001		
			(nm)	100	10	1	0.1	
涂层								有机物
金箔								金
铝箔								铝
镀膜								金属
精密镀膜								—
薄膜								几乎所有

其他的例子

毛发的直径 花粉 可见光波长 细菌 X射线波长 分子直径

我们可以制成比细菌还薄的薄膜

019 目标：单晶薄膜

钻石是碳（C）的单晶体，水晶是二氧化硅（SiO_2）的单晶体，宝石就因为是单晶体而贵重。对薄膜而言，单晶膜具有良好的电性能和机械性能。不论什么情况，单晶膜往往都是更好的选择。

让我们来看一下制备单晶薄膜的例子。如图 1 所示，将单晶体（图中为氯化钾 KCl）放入真空中（a），利用电磁铁将吸附在铁上的结晶折断从而得到新鲜表面（b）（称为**解理**），在一定的温度下在新鲜的表面上蒸发镀膜（c）。

一部分结果如图 2、图 3 所示。例如图 2，通过对基板温度和钾系的单晶体的研究发现，在某个温度以上可以得到单晶薄膜，该温度称为"**外延生长温度（T_e）**"。我们首先要明确温度对单晶薄膜的制备至关重要。

接下来，如图 3 所示，蒸镀时的真空度和解理时的压力（大气还是真空）与膜生长之间有这样的关系。结果显示真空解理时效果更好，对于镀膜时的真空可以想象，超高真空环境更有利于单晶薄膜的制成（T_e 低）。对于铝（Al）、镍（Ni）确实如此，然而对于金（Au）、银（Ag）等，相对于超高真空来讲，高真空环境更适于单晶薄膜生长。这意味着在基板表面吸附水蒸气更有利于加工。

如上所述，在单晶体基板上利用它的结晶性制备单晶体膜（基板若为多晶体或非晶体则不能实现），该方法称为"**外延生长**"（epitaxy：平行生长，指单晶体和膜的结晶面平行）或者"**方位取向**"。这样的单晶体膜只有在特定的条件下才可以得到。对于除此之外的方法，例如，缓慢蒸镀可以降低外延生长温度 T_e，电子照射到基板表面，将薄膜材料离子化（参照040）。在加电场的同时进行蒸镀，这些方法也都被验证有一定的效果。

要点
CHECK!

● 制备单晶体薄膜的条件很苛刻
● 通常利用外延生长法制备单晶体薄膜

图1 　晶体在真空中的解理和单晶体膜的生长

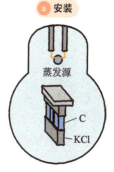
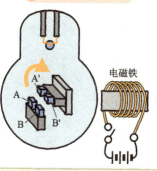
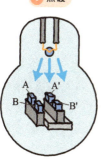

ⓐ 安装　　ⓑ 由电磁铁引起的解理　　ⓒ 蒸镀

蒸发源　C　KCl　A　A'　B　B'　电磁铁　A　A'　B　B'

由于是在刚完成解理(b)的晶体面上进行加工(c),所以比较容易制得单层生长(*016*的图1a)的晶体薄膜。

图2　真空条件下,KCl的解理晶体上生长的金属薄膜,其晶体性与温度的关系(参7)

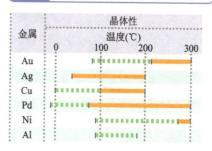

金属	晶体性 温度(℃)			
	0	100	200	300
Au				
Ag				
Cu				
Pd				
Ni				
Al				

在一定温度(外延生长温度)以上,在基体晶体的上面生长单晶体膜(外延生长)。

图3　NaCl解理面的金属蒸镀膜,其晶体性和基体温度的关系(参8)

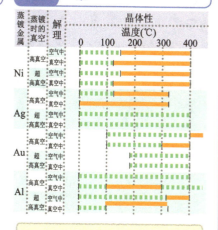

蒸镀金属	蒸镀时的真空	解理	晶体性 温度(℃)				
			0	100	200	300	400
Ni	高真空	空气中					
	超	空气中					
	高真空	空气中					
Ag		空气中					
	超	空气中					
	高真空	空气中					
Au		空气中					
	高真空	空气中					
Al		空气中					
	高真空	空气中					

在解理和蒸镀时真空性相对好的环境下容易发生外延生长,但金、银(铜)例外。

注:　 多晶体构造
　　　　　　　　　 单晶体构造

COLUMN

出身和教育同样重要

很久以前,日本的一位大名家中出生了一对孪生兄弟。为了将来考虑,两人六岁的时候,哥哥被留在了家里,而弟弟被寄养在了宗门中。为了能够继承大名,哥哥在文武上都受到严格的教导,最终成为了以民为重的名君。而弟弟每天过着粗茶淡饭的朴素生活,跋山涉水,严于律己,不断地修行。后来他也成为了受人崇敬的大僧正(僧位最高的僧侣)。这就是拥有良好的出身并加上后天良好的教育、慢慢成为杰出人物的例子。

对于薄膜而言,即便拥有相同元素的原料,制备出的薄膜也有很大的差别。例如,将铝薄膜镀在玻璃上,一般情况下,玻璃就变成闪闪发光的镜子。但是在较差真空状态下进行同样的实验,就会有问题出现:得到的铝薄膜的玻璃是乳白色的,有些混浊。对薄膜来说,用来制作薄膜的材料就相当于它的出身,而其他很多因素,比如气化的方法、基板的材料、表面的温度、真空度(压力)及其属性(还原性、氧化性、中性)、薄膜的成长速度(快或慢)等,就相当于它后天接受的教育。不仅如此,制作薄膜的人员的技术也起着重要的作用,不同的制作方法会制作出各种各样的薄膜。对于薄膜品质的判定我们不能简单地下定论,重要的是,一方面我们要找到它的优点,另一方面要想办法尽可能地增强它的优点。

薄膜最能考验制备人员的技术啦!

薄膜特有的性质

从原材料到形成薄膜的时间是非常短的,整个过程大约只需要1分钟。
正是因为这个原因,薄膜才表现出独特的性质。
原材料转变为薄膜之后,其密度降低,电阻率增大,时效变化也增强了。
我们需要掌握并利用这些性质,努力克服薄膜的缺点。

　　如(016)中所述,在较短的时间内,大多数薄膜以"点→岛状结构→沟道结构→连续膜"的顺序生长。而我们常见的材料通常要在熔融状态下进行长时间反复的熔炼,所以薄膜与通常材料相比性能会发生很大的改变。

　　图1表示的是薄膜的厚度与**密度**之间的关系。总体来讲,薄膜的密度相当于体材料的80%,另外存在20%的空洞。

　　室温下将金属蒸镀在玻璃基板上,图2所示为10天以内膜厚与电阻率的变化情况。在室温条件下,随着时间的延长,膜厚会不断减小,电阻率也会逐渐降低。并且由于膜厚和电阻率的变化的理由就是图1中所示的20%的空洞将会逐渐缩小。这样使用刚刚沉积的薄膜会带来一些问题。将薄膜放置在相对其使用温度更高的温度环境中,经过足够长的时间,薄膜的厚度和电阻率会趋于稳定,这样的处理方法称为**时效处理**,如(017)中所述。实际应用中的薄膜均应该经过时效处理。

　　图3表示的是薄膜的厚度与**残余应力**的关系。残余应力是在薄膜的生长期形成的,岛状结构之间相互连接形成固体,这种相互连接的力残留下来形成残余应力;或者岛状结构合为一体的时候,间隙处的夹杂气体也会挤压岛状结构,形成残余应力。如果不对这些残余应力加以处理,如(032)所述,在实际应用过程中,**应力的转移**会造成电线的断裂,以及集成电路等电子元件寿命的缩短等问题。

　　由此看来,在薄膜的生长过程中会产生很多缺陷,因此在制备器件时要进行充分的热处理以消除缺陷,使薄膜的性能得以充分发挥。

要点 CHECK!

● 薄膜具有低密度、时效变化、残余应力等缺陷
● 热处理和时效处理对缺陷的消除有重要作用

图1	在10⁻³Pa下制作的铬薄膜的膜厚与密度的关系(参7)

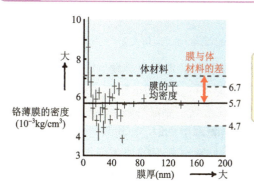

密度处在5.7±1之间，约为体材料7.2的79%，体材料为7.2，基板温度200℃，在大气中放置2天加热后的数值。（开始时的值偏大，可能是测量上的问题）

图2	金薄膜的膜厚和电阻率随时间变小(参8)

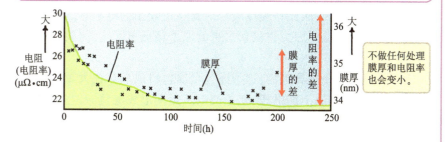

不做任何处理膜厚和电阻率也会变小。

图3	蒸镀和溅射的银膜的平均残余应力(参9)

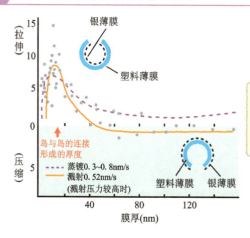

在薄塑片上镀一层银膜后从装置中取出。蒸镀是将膜包在里面，溅射是将膜置于外层。这种现象即为膜内残余应力的影响。

薄膜密度在生长期发生变化的同时,其电阻也会发生很大变化。图1以蒸镀膜和溅射膜为例,说明了金薄膜的膜厚和电阻率的关系。为了同基体材料进行比较,在这里我们也注意到了结晶性的不同。如图所示,当薄膜厚度很薄时,其**电阻率较大**;当膜厚增加时,电阻率会逐渐减小并保持一个定值。这个值非常接近基体材料电阻率的值。但无论怎样,这个值都比基体材料的电阻率大。同多晶薄膜相比,单晶薄膜的电阻率较小;同蒸镀膜相比,溅射膜的电阻率较小。

由上面的结论可知,不论是蒸镀膜、溅射膜还是单晶薄膜,能够在生长的初期形成连续膜,因此在膜厚较小时就呈现较小的电阻率。而溅射膜的电阻率相对较低是因为它溅射出来的原子移动速度快,薄膜的形核更容易。

金属是**通过电子来导电**的,这是因为金属材料内部存在大量能够自由运动的电子,在金属上加电压,就能使电子运动形成电流。但是,电子在运动过程中会与金属原子发生碰撞,使自身的运动受到限制。而且当温度升高时,原子的震动加剧,更容易与电子发生碰撞,所以在温度升高时,金属的电阻率会增大。

再来看一下膜厚与电阻率的关系。膜比较薄时,薄膜会形成岛状结构,存在很大的沟道,如图2所示,电子以跳跃的方式运动,从一个岛状结构跃向另一个岛状结构,这样会使电阻率剧烈增大。这就是图1中膜厚很小时电阻率很高的原因。当膜厚增大时,电阻率趋于平稳,如图1所示。

要点
CHECK!

- 膜厚很小时电阻率很大
- 当膜厚增大时,电阻率接近体材料的电阻率

图1 金的单晶膜和多晶膜的膜厚与电阻(电阻率)的关系(参10)

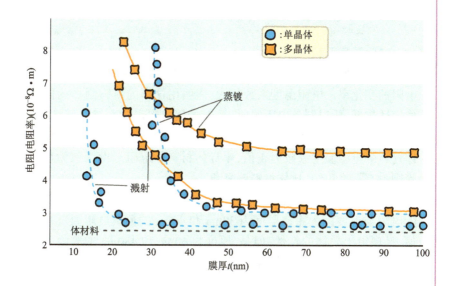

当薄膜是比较薄的岛状结构时电阻较大，变厚时电阻会回落到一定值并保持，但大于基体材料的值。单晶膜与多晶膜相比电阻较小；溅射膜与蒸镀膜相比电阻较小。

图2 膜厚较小时电子逐个沿着岛屿流动,电阻增大

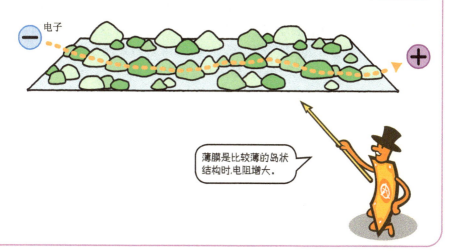

　　电阻温度系数（TCR：Temperature Coefficient of Resistance）是表征薄膜性质的重要参数之一，它是指温度每变化1℃所引起的电阻的变化，即电阻的变化率。电阻温度系数越大，表明用这样的薄膜制作的器件的热稳定性越低，所以制备电阻膜时，一般希望电阻温度系数为零。为此，我们要仔细调整蒸镀或溅射的条件，以得到最合适的薄膜成分构成。金属体材料的电阻温度系数为正值，半导体材料的电阻温度系数为负值。薄膜则没有那么单纯，比体材料要复杂。

　　图 1 是在 10^{-3} Pa 真空条件下，在玻璃基板上用蒸镀法制备的 Ti 薄膜的电阻与温度的关系。厚度为 30nm 和 40nm 的薄膜电阻温度系数为负值，呈现出半导体的特性；但是，厚度为 60nm 和 480nm 的薄膜电阻温度系数为正值，呈现出金属的特性。这是由于在厚度很小的时候，薄膜的岛状结构在化学性质活泼的 Ti 晶界处发生氧化反应，使薄膜呈现出接近半导体的特性，而厚度较大时则呈现出金属的特性。

　　图 2 是使用蒸镀法制备 Cr 膜时基板温度和电阻温度系数的关系。可以看出，电阻温度系数也受制膜温度的影响。

　　薄膜的结构随着温度的改变会发生不可逆变化。也就是说，若由于温度的改变使薄膜的结构发生变化，即使回到初始温度，薄膜的结构也不能恢复。这些变化在膜厚较小时特别明显。要想消除这些变化，可以尝试包括在高温进行热处理等的时效处理。如果经过处理后的薄膜性能还是无法满足要求，那么只能将其当做不合格产品处理。

要点 CHECK!
● 金属薄膜的电阻温度系数(TCR)与膜厚有关
● 电阻温度系数与薄膜制备时的温度有关

| 图1 | 蒸镀法制备钛(Ti)薄膜的电阻与温度的关系(参11) |

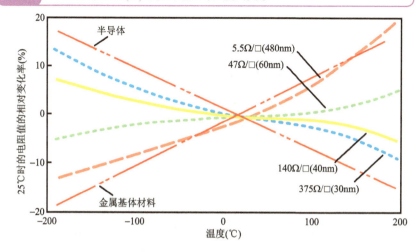

钛薄膜在厚度较小(30nm)时呈现半导体性质,厚度较大(480nm)时呈现导体(金属)性质

| 图2 | 蒸镀法制备镉(Cr)薄膜的电阻温度系数与膜厚的关系(参7) |

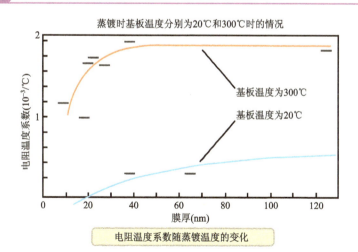

电阻温度系数随蒸镀温度的变化

COLUMN

薄膜和基板的连接

薄膜是不能单独存在的,它只有同基板牢固地结合在一起,才会体现其以原子或分子为基本单元的优势。

对于基板,我们从原子水平上研究是很有必要的。宏观上看非常平坦的板,从微观上看,却存在许多原子、分子级的凹凸不平的沟壑。如果在这样的基板上铺设回路,虽然凹凸很小,但也会导致回路断线。

如果要培养真正的友情,人与人之间一定要坦诚相见,深入了解。同样,对于基板和薄膜的相遇,以产生"友情"为目的的工序是很重要的。有时,一样的出生地会使这二者产生很深的联系,从而建立一生的友情。

如(005)所述,从原子的视角看,今后与薄膜相互结合的基板上会有许多人工的沟槽和坑洞。这样的基板需要的就不是单一的薄膜,而是多种多样的薄膜。

把薄膜牢固地附着在基板上是最基本的.

第 5 章

增强基板与薄膜结合的技术

将薄膜牢固地覆在基板上,是薄膜得以利用的前提和基础。

为了保证薄膜与基板产生化学上的结合,要将基板完全处于裸露的状态。

制膜时的温度条件、使用的气化源种类都要经过严格的甄选。

对于形成薄膜的原子来说,基板上的着陆点就像危险陡峭的岩石,生存条件非常苛刻。

薄膜制备技术就在这样的不利条件下进行的。

　　站在与人等高的镜子前,镜子会映出自己笔直清晰的像。镜子看似非常平坦,但是如果以薄膜的标准来看,玻璃表面的凹凸不平还是会使人的成像发生变化。

　　首先,以玻璃基板为例,我们观察一下基板的表面。图1中展示了玻璃表面的原子力显微镜图片,其中(a)中所示是用**溶解法**[注]制作的玻璃板,(b)中所示是经过抛光处理的玻璃板。溶解法是熔融态的玻璃表面不接触任何物体,直接制作成板的方法。溶解法制备的玻璃板表面尽管有波状的起伏,但凹凸的高度仅为 0.1~0.2nm,即便以薄膜的标准来看,表面也是非常平坦的。另外,如(b)所示的抛光法制备的玻璃板,其表面凹凸的高度可以达到 0.4~0.6nm,从上面看尖且深,在使用时必须加以注意。对于薄膜来说,与波状的起伏相比,尖锐的凹凸和划痕会带来更严重的问题。因为有划痕有凹凸的地方容易形成稳定核(c)。

　　接下来,我们要对在半导体领域应用广泛的硅基板的制备方法进行简要的介绍(图2)。首先将熔融态的硅从坩埚中提拉出来,形成单晶体棒。然后,将单晶体棒切成薄片状,为了使薄片表面平坦,必须进行抛光处理。通过机械法、化学机械法、化学腐蚀法等方式对表面反复抛光,抛光后的基板表面的凹凸高度可达 0.12nm。为进一步提高平坦性,我们使其表面上外延生长一层单晶硅膜,做成外延晶片。这时它的平坦度达到0.06nm,已经达到了原子级别的平坦度。

要点 CHECK!

- 基板的平坦程度是原子级水平
- 与基板表面的波纹相比,原子级的裂纹更值得注意

注:参考《薄膜制作基础 第4版》(『薄膜作成の基礎4版』)等参考书。

图1 玻璃表面状态及形核的情形

a 熔融法制备的玻璃表面

b 抛光法制备的玻璃表面

(照片由Corning Japan株式会社提供)

c 沿抛光的细小纹路形成的具有岛状结构的薄膜

100nm

为使表面平坦进行抛光后,从薄膜的标准看,表面仍然存在大量的凹凸及划痕(b)。
薄膜的生长从划痕处开始(c)。

图2 硅 片

一般情况,在硅棒上切取的硅片要进行抛光处理。为使表面更平坦,需要在表面生长一层单晶体膜。

(照片由SUMCO株式会社提供)

合理选择气化源和基板，并充分了解薄膜的特性，促使薄膜与基板形成化学键从而使二者牢固地结合，这就是当前薄膜研究的课题（参照018）。

这种方法首先需要保证基板处于完全裸露的状态，还要求薄膜和基板之间无污渍。这个过程一般称为**前期处理**（放入真空装置之前的处理）。因为基板和薄膜只有接触才能生成化学键，所以薄膜和基板之间是不可以有污渍的。必须使用精密测定仪器确认基板与薄膜之间无任何污染，才可以进行下一步的处理，所以这道工序至关重要。

图1介绍了前期处理的主要方法，其中包括物理清洗（用力擦拭基板表面）、化学清洗（用酸或碱溶解表面）等方法。最常用的方法是在将基板放入液体中，使用30kHz的超声波对其进行清洗，这种方法称为**超声清洗**。该方法的作用如图2所示，超声波的强力清洗可以侵蚀铝箔使其被减薄，将这种强有力的清洗方法和清洗剂一起使用，可以使基板表面达到完全裸露的状态。但是，对于高精密的电子元器件，这种清洗方法会对元件造成损伤。在这种情况下，则需要利用1MHz的高频率超声波洗涤（所谓的**兆赫声波清洗法**）。兆赫声波清洗法可以有效去除表面不需要的微粒（图3）。一般来说，玻璃基板的清洁需要两种方法组合使用。而对于硅板来说，因为其原本就比较干净，多数情况下只采用兆赫超声波清洗即可。

事实上，如果金属和半导体基板的表面暴露在空气中，其与大气短暂的接触就会自然形成氧化膜。这些氧化膜可以使用酸、碱等化学试剂除去。薄膜制作人员把这道工序称为"去皮"。

要点 CHECK!

● 基板要完全处于裸露状态，薄膜才能与之产生较强的化学结合

图1 前期处理(主要的清洗和干燥方法)

物理清洗	干燥方法
刷洗基板表面　　　　超声清洗*	风力*　　　高速旋转甩干*
高速粒子喷射表面	热风干燥　真空干燥　红外线干燥
流体喷射清洗	
等离子体清洗*	

化学清洗	置换干燥
清洗剂·溶剂清洗*	异丙醇蒸气置换水干燥*
酸、碱清洗*	Marangoni干燥*
功能水(氢水、双氧水、电解离子水)	
激光表面处理*	

带*号的是常用方法

图2 超声波清洗

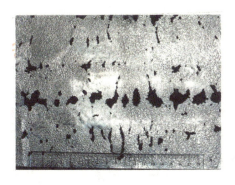

被超声波清洗侵蚀的铝箔
(25℃、自来水中、26kHz、
45s)。强力作用可以将铝箔
削薄。

(照片由Kaijo株式会社提供)

图3 兆赫声波清洗

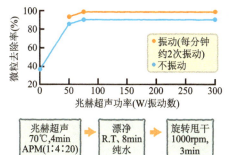

(照片由Kajio株式会社提供)

振动(每分钟约2次振动)
不振动

纵轴：微粒去除率(%)
横轴：兆赫超声功率(W/振动数)

采用适当功率的兆赫超声波清洗
几乎可完全清除微粒。
(APM:过氧氨水。例如氨水:双氧
水:超纯水=1：4：20)

兆赫超声 70℃,4min APM(1:4:20)	→	漂净 R.T, 8min 纯水	→	旋转甩干 1000rpm, 3min

　　干净的玻璃窗往往在不知不觉中就沾上了斑驳的灰尘。下雨天打在玻璃窗上的雨滴，由于溶解了大气中的许多杂质（比如沙粒和尘埃会附着在里面），天晴后雨水蒸发留下溶解在雨中的灰尘形成斑点。在基板前期处理中也会发生同样的情况。

　　前期处理的最后一步是干燥。在洗涤干净的玻璃板上哪怕只留下一滴水，水滴蒸发后也会形成斑点。因此迅速地将基板全部干燥是非常关键的。以下是几种干燥的方法：在干净的空气喷流下清理基板表面（风刀）、高速旋转利用离心力将水滴甩去（旋转），还可以先将基板悬吊在酒精蒸气中，然后瞬间将其移到充满洁净空气的无尘室中干燥（**酒精蒸气干燥法**）（参照 025 的图 1 右）。

　　对于几平方米的面积较大的基板（例如超薄电视用的液晶显示板），应用 **Marangoni 干燥技术**（图 1）对其进行干燥。首先将基板置于较大的常温纯水槽中，然后将基板慢慢上提，提起到充满酒精蒸气的空间中。酒精在温度较低的基板表面冷却形成液体并缓慢流下，从而将基板清洗干净。在基板表面温度还比较高的时候将其移动到干净的空间里，表面上的酒精会很快蒸发，从而实现表面的干燥（原理同酒精蒸气干燥法）。

　　用 X 射线对基板表面进行分析，会发现上面还残存微量的有机物（图 2 中 a 的峰位）。多数情况下这些微量有机物不会对薄膜产生影响，但如果想完全除去这些有机物，可以采用汞弧灯（紫外线）或激光束照射的方法（图 2 的 b、c）。

要点 CHECK!
- 前期处理的最后工序是干燥
- 疏忽了干燥，之前的一切工序都成为无用功了

图1　Marangoni干燥法(Marangoni Drying)

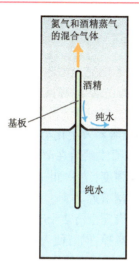

氮气和酒精蒸气的混合气体

酒精

基板

纯水

纯水

将放置在纯水中的基板向上提拉到酒精蒸气环境中，基板表面上酒精冷却成液体向下流，从而将基板表面清洗干净。再将表面有酒精的基板移动到无尘室，酒精蒸发(酒精蒸气干燥)后，基板表面达到裸露状态。

图2　经受激准分子激光照射后,无碱玻璃表面的有机物减少(XPS分析结果)

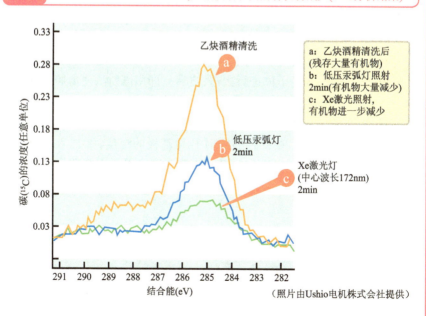

a：乙炔酒精清洗后(残存大量有机物)
b：低压汞弧灯照射2min(有机物大量减少)
c：Xe激光照射，有机物进一步减少

乙炔酒精清洗
低压汞弧灯2min
Xe激光灯(中心波长172nm)2min

纵轴：碳(^{15}C)的浓度(任意单位)
横轴：结合能(eV)

（照片由Ushio电机株式会社提供）

即使拼命地清洗基板表面,有时还是不能完全清除表面的污渍(025的图2)。将基板与气化源进行配置时,首先要将基板在真空环境中加热。这样处理有两个作用:①水和有机溶剂在高温下易蒸发,从而脱离基板表面;②高温条件下,薄膜材料与基板更容易发生化学反应。

图1所示的是一种实验装置,能够将圆棒黏结在薄膜上。通过观测拉倒所需要的力,观测薄膜与基板的**附着强度**,结果如图1所示。从图中还可以看出,附着强度随温度的升高而急剧增大。

经过加热处理后,如果基板表面还没有完全清洁干净,那么就需要对基板进行等离子处理,从而将污渍薄层剥离掉,同时使表面具有活性。其中的原理如下:将基板暴露在等离子体下,基板表面会带上负电,为了保持电中性,会有阳离子流入,这样基板表面就会受到离子的撞击。通过这种方法,基板表面受到了离子溅射(参照044),表面被清洗干净的同时也具有了活性,基板温度也会升高(这被称为**轰击效果**)。如图2所示,只要3~6min,附着强度就会大到无法测定。

对于塑料薄膜,这种效果同样显著。如图3所示,将塑料膜用水冷的旋辊输送,首先用等离子体进行轰击,之后立即用溅射法使薄膜附着在塑料膜上。图4所示为附着强度与轰击离子的种类和时间的关系。可以看出,通过短时间轰击薄膜就可以牢固地附着在基板上。强化附着力的方法主要有以下3种:①在覆膜的同时升高基板的温度;②加入接触金属(在薄膜和基板之间加入 Cr、Mo、Ti、W 等金属可以增大附着力);③贴膜之前,将基板置于等离子体中。这些方法都有明显的效果。

要点 CHECK!

- 想实现较强的化学结合,首先要升高温度
- 等离子体处理和接触金属的方法对增强结合力是很有效的

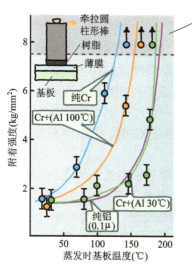

图1　基板温度对附着强度的影响(参12)

(Al 100℃)是指蒸发Cr后,蒸发Al的温度为100℃。首先进行升温,随温度(横轴)的上升,附着强度(纵轴)急剧增大。

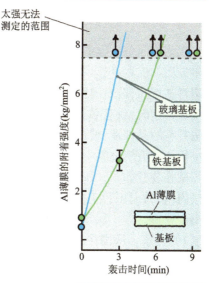

图2　粒子轰击对附着强度的影响(参12)

等离子体作用可以增大附着强度。

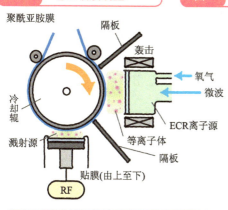

图3　卷纸镀膜装置(参13)

等离子体使塑料表面活性化。
等离子体作用可有效提升塑料薄膜的附着强度。

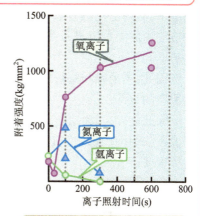

图4　轰击离子种类与附着强度的关系(参13)

氧离子对塑料薄膜附着强度的改变作用明显。

在薄膜制备过程中,有时前期处理方法、基板的温度、贴膜的条件等诸多方面都已尽量达到最优,但还是无法制备出牢固的薄膜。特别是对于塑料基板而言,在温度无法升高的情况下,更容易出现薄膜附着不牢固的现象。这时,就有必要再次考虑气化源是否合适。下面将介绍在温度无法升高的条件下,玻璃基板上薄膜的附着强度的影响因素(基板在酒精中进行超声波清洗)。

试验装置如图1所示,把镀有薄膜的玻璃基板安置在样品台上。加上砝码(荷重)使针刺入薄膜,然后转动旋钮使样品移动,这样薄膜上就会出现划痕。图2所示为砝码的重量和**薄膜划痕比**(划伤的长度/划过的长度)的关系。从图中可以看出,无论是银(Ag)、镍(Ni)还是二氧化硅(SiO_2),溅射法(虚线)制备的薄膜的附着强度都明显超过蒸镀法(实线)制备的薄膜。虽然这种差别的原因还不明确,但是采用溅射法时,在10min的覆膜过程中,基板暴露在等离子体中,也就自然产生了电子轰击、清洗、温度上升等有利条件,而且被溅射的原子会以高于蒸镀法数十倍的速度冲击基板,这些也许正是原因所在。由此看来,在无加热贴膜的情况下,溅射法比蒸镀法更有利。除了溅射法以外,还有离子电镀法,这种方法中原子可以进一步被加速,从而得到更好的效果(参照 *028*、*040*、*041*)。

因此,当薄膜与基板之间的连接不牢固甚至出现剥离时,可以尝试改变覆膜的方法。

除此之外,溅射法比蒸镀法更有利于制膜的例证还有很多。但是,如果像(*028*)中所述的在其他条件都具备的情况下,薄膜和基板的相合性就很重要了。

要点 CHECK!

● 基板温度无法上升时,溅射法比蒸镀法更有利于薄膜的制备

图1　表征薄膜附着强度的划痕试验机(参14)

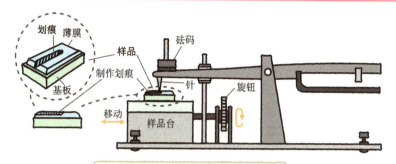

划痕　薄膜
样品
制作划痕
基板
砝码
针
旋钮
移动
样品台

砝码分大、中、小三种。改变砝码重量,左右移动样品台,就可以在薄膜上刻出划痕。

图2　各种薄膜的划痕强度(参14)
(速度20nm/min,10min,膜厚200nm)

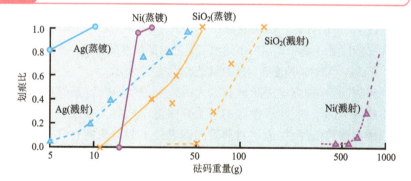

划痕比

Ni(蒸镀)　SiO₂(蒸镀)
Ag(蒸镀)
SiO₂(溅射)
Ag(溅射)
Ni(溅射)

砝码重量(g)

划痕比的定义:划痕划过的长度为a,薄膜剥离长度为b,则划痕比为$(a-b)/a$。溅射法的划痕比(虚线)小于蒸镀法(实线)的划痕比,所以溅射法能使薄膜具有更大的附着强度。

（ 027）中所述的情况比较特殊，是在覆膜条件有限的情况下进行的选择。那么，如果前期处理、基板温度、气化源的种类等均达到最优配置时，情况又会如何呢？

对于在宇宙空间，即大气层外运转的机械设备，其旋转部件之间的润滑是不能使用油的。这是因为在真空环境中，油会蒸发掉。在这种情况下，在轴和轴承之间代替油起润滑作用的是金等软金属薄膜。但如果不能将金薄膜紧紧地贴覆在轴或者轴承上，就会失去润滑作用，因此附着性较好的薄膜是不可缺少的。为了达到这个目的，人们展开了关于薄膜附着力的研究。

研究方法如图 1 所示，将金膜镀在不锈钢板上，在金膜上压 1 个 1kg 的钢球。旋转钢板，使摩擦部位（虚线处）速度达到 10cm/s。测定旋转钢板所需的力，进而计算出摩擦系数（图 2）。

在成膜时，由于离子轰击产生的温度上升对薄膜性质有很大影响，所以将温度上升（5min，125℃）速度固定后的测定结果如图 2 所示。

结果表明，三种方式之间没有太大的差别，严格来说，蒸镀的方法的效果要略好于离子镀、离子镀法的效果要略好于溅射。在金膜和圆板之间会形成金的扩散层，扩散层对薄膜的附着强度起着决定性作用。如果使离子轰击清洗（成膜前将基板完全"裸露"）同成膜时的温度保持不变，那么附着力就没有差别，此时附着强度完全取决于薄膜和基板的材质。薄膜与基板间的附着强度取决于下面几个因素。

（1）基板的前期处理。

（2）成膜时基板的等离子体轰击加热。

（3）成膜时的加热处理。

（4）衬底和薄膜之间接触金属的影响（Cr、Ni、Ti、Ta、Mo、W 等）。

要点 CHECK!

● 加热和离子轰击的情况无太大差别

● 外界条件均齐备的情况下，基板和薄膜的化学键的相合性很重要

图1 不锈钢板上的金膜的摩擦试验

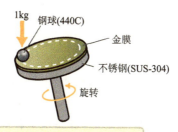

真空中旋转不锈钢圆板,金膜迅速破裂,摩擦增大。

图2 SUS-304不锈钢上蒸镀、离子镀、溅射金膜的滑动摩擦特性[参15]

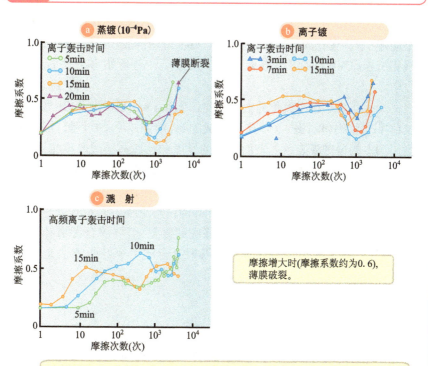

如图所示,三种方法没有明显的差别,溅射法效果稍差。而现在材料在不断发展,薄膜寿命可达到10^6次。

来自气化源的原子会在基板表面着陆。由于只有部分基板的表面是平坦的,因此多数情况下,原子的着陆点如同险峻的山区。例如在(005)的图2大规模集成电路的切面图中,晶体管旁边排布着一些纵向的细长配线,这些线称为容量接触。这些配线是由铜和铝制成的,并且需要在二氧化硅上开孔,孔深为孔直径的近10倍,并在孔内覆膜(嵌入)。这样的结构在一个集成电路中有近1兆个,另外还有很多其他晶体管,所以基板的表面宛如山地。深孔形状,由图1的**长宽比**(AR)表示。

随着器件的不断发展,长宽比(AR)也不断增大。如果想要提高器件的密度,横向的尺寸必须缩小(为了确保耐压值,大部分情况下纵向尺寸不能缩小)。在孔的顶部存在晶体管和配线。孔的嵌入是很重要的工程,气相沉积(CVD)(055)、溅射(053)、镀金(064)等很多方法都在研究之中。

图2所示是在二氧化硅上开长宽比为4∶1的超微细孔,用气相沉积法(CVD)将钨(W)嵌入(填充),形成配线(参照060)的过程。嵌入的程度用图1的**覆盖率**表示。表面薄膜的厚度和孔底薄膜的厚度相同时,**底部覆盖率为100%**;侧面厚度也相同的话,**侧面覆盖率为100%**。图3和图4为采用自溅射法(参照046)底部覆盖的例子。真空度越高,底部覆盖越好。溅射出的原子在飞行过程中,即使与真空中的氩气分子发生碰撞,也不会改变方向。想要得到较好底部覆盖,需要综合考虑孔的形状(长宽比)、前后的工艺、经济性等因素。确定一个好的方法是比较困难的。

要点
CHECK!

- 多数情况下,来自气化源的原子着陆时面对的是"险峻的山地"
- 嵌入的程度用覆盖率表示

图1　长宽比AR=*d*/*c*

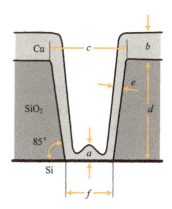

底部覆盖率=*a*/*b*
侧面覆盖率=*e*/*b*

(只在台阶状的情况下(没有左壁的情况))
使用台阶覆盖率

图2　表面采用CVD覆层W膜

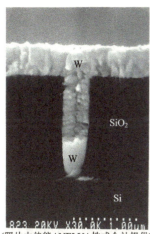

(照片由佳能ANELVA株式会社提供)

Si上的SiO$_2$孔以及SiO$_2$表面的W膜一同生长并使表面平坦化。之后用刻蚀法将孔上的W除去,孔的上下连接成配线(称为W插头)。

图3　自溅法的底部覆盖率(100%)[参36]

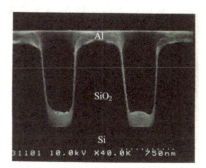

P=3×10^{-3}Pa,　*d*=0.6μm
长宽比:2、膜厚:0.2μm

图4　高压下,自溅法的底部覆盖率(30%)[参36]

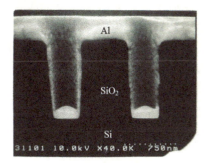

P=3×10^{-1}Pa,　*d*=0.6μm
长宽比:2、膜厚:0.2μm

与高压下的自溅法相比,低压下的自溅法获得的覆盖率更好。

030 得到希望的薄膜组成

在薄膜制备之前,人们总是费尽心思准备一定比例的合金和化合物,以期制备出的薄膜有良好的成分组成,但在制备过程中,如果薄膜组成发生变化,一切就变成了徒劳。在薄膜制备中经常会用到电阻镍铬合金(镍Ni 和铬 Cr 的合金)、低电阻温度系数的高比阻铜镍合金(铜 Cu、镍 Ni、锰Mn、铁 Fe 的合金)、超导材料(钇 Y、钡 Ba、铜 Cu 的氧化物)等多成分的合金和化合物。这时我们担心的是将材料加入到气化源中是否会得到我们希望得到的薄膜组成。当然对于单一组分的薄膜,无论什么样的气化源都没有问题。

如图 1 所示是一个思考实验,比较**食盐水的蒸镀法**和**溅射法**。蒸镀情况下只能形成水的薄膜,而溅射法中,石状的离子使食盐水溅起,这样在基板上就形成食盐水的薄膜。由此我们会有以下猜测:蒸镀法容易导致薄膜成分的变化,溅射法不容易导致成分变化。实际情况是怎么样呢?

图 2 以镍铬合金(Ni:Cr=1:0.36)为例,显示了组成成分随蒸镀时间的变化示意图。在气化源中虽然 Ni 的含量约是 Cr 的 3 倍,但是制备初期形成的却是 Cr 含量高的薄膜,后期形成的又几乎都是含 Ni 的薄膜,原因是 Cr 更容易蒸发。与之相对,图 3 是溅射的例子,溅射法得到的薄膜成分几乎没有变化。这样的实验结果与思考实验的猜想是一致的。一般情况下,蒸发会使组成成分发生变化,但将合金材料制成粒状,并使颗粒在瞬间蒸发,可以防止成分变化。单个粒子即使发生图 2 所示的情况,从整体来看还是均质的薄膜,这称为**闪蒸法**(图 4)。详细说明请参考与薄膜相关的参考书。

要点 CHECK!

- 蒸镀容易引起薄膜组成的变化
- 溅射不容易引起薄膜组成的变化

图1　食盐水的蒸镀(左)和溅射(右)的区别

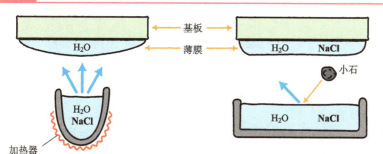

基板
薄膜
H₂O
H₂O　NaCl
小石
H₂O
NaCl
H₂O　NaCl
加热器

蒸镀时只有水蒸发形成水的薄膜

溅射时食盐和水都飞溅,得到食盐水的薄膜

图2　镍铬合金蒸镀膜的成分变化(参16)

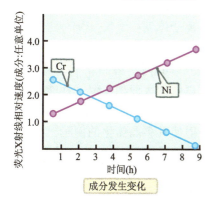

荧光X射线相对速度(成分:任意单位)

Cr
Ni

时间(h)

成分发生变化

图3　20Ni-80Cr(左)、58Ni-42Cr的溅射膜成分(参17)

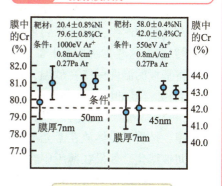

膜中的Cr(%)

靶材: 20.4±0.8%Ni
79.6±0.8%Cr
条件: 1000eV Ar⁺
0.8mA/cm²
0.27Pa Ar

靶材: 58.0±0.4%Ni
42.0±0.4%Cr
条件: 550eV Ar⁺
0.8mA/cm²
0.27Pa Ar

膜中的Cr(%)

膜厚7nm
50nm
条件
膜厚7nm
45nm

成分几乎没有变化

图4　闪蒸示例

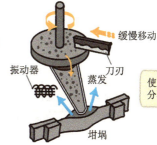

将合金材料颗粒化,
使每个颗粒瞬间蒸发

缓慢移动
刀刃
蒸发
振动器
坩埚

使用闪蒸法,薄膜成分不会发生变化

在我们的生活中,大面积的薄型装置在不断地增加。被视为可再生能源之星的太阳能电池、大画面薄板电视、复印机的感光鼓等产品都需要利用非晶薄膜。

非晶体与晶体的结构不同,但其原子排列也不是完全无序的。短程范围内,原子的排列是有序的,长程范围内,原子无序排列。由于没有单晶和多晶的晶体结构,非晶体不具有热稳定性,但是在较大范围内能够得到完全相同的材料,这是非晶体膜的特征。如图 1 所示,在大气中将熔融状态下容易非晶化的材料($AuSi$、$Cu_{40}Zr_{60}$、$Ni_{78}Si_{10}B_{12}$ 等)在急冷用的水冷却辊上压薄,并在 $1s$ 之内从 $10000℃$ 急速冷却到 $100℃$。

在真空中制膜,应用(055)所述的等离子体气相生长(CVD)法、蒸镀法、溅射法。这些方法本质上都是急速冷却。

将基板的温度保持在低温,就能制备非晶薄膜(参照 017)。作为半导体,非晶薄膜的电子迁移率小,虽然可以做到大面积化但是性能较差。为此,将非晶薄膜多晶化,可以获得高性能大面积化的多晶薄膜。

图 2 是将非晶体放在激光下进行照射使其多晶体化的例子,这时薄膜瞬间被熔化。如果在薄膜中含有大量的氢元素的话,这种膜就要被彻底破坏掉。因此需要含氢量少的膜。这样处理后,电子迁移率会增加数倍,从而保证液晶显示屏、超薄电视的高清晰度(参照 058)。图 3 是多晶化的装置示意图。

要点 CHECK!

- 非晶体虽然不具有热稳定性,但是比较容易做到大面积化
- 巨大面积的基板需要将非晶薄膜进行多晶化

图1 **大气中非晶体带的制作方法**

喷出压力控制系统

材料

温度计

非晶体带

喷嘴以及塞子

冷却水

水泵

卷鼓

急速冷却
制备非晶
体带

图2 **非晶体硅的多晶体化**

激光240mJ/cm²

—— 1μm

(照射条件)
基板温度:室温
光束尺寸:
220×0.4mm
基板输送速度:
0.02mm/shot

激光360mJ/cm²

激光强度控制适当会得到多晶,如下图
所示(能看到晶界),上图由于激光强度
不够还是非晶态。

(照片由日本制钢株式会社提供)

图3 **非晶薄膜在激光照射下多晶化的示例**

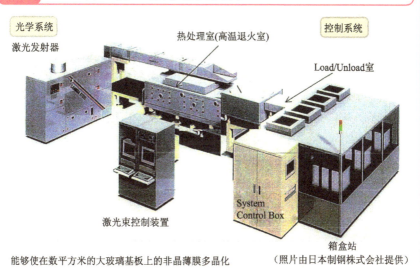

光学系统

激光发射器

热处理室(高温退火室)

控制系统

Load/Unload室

激光束控制装置

System
Control Box

箱盒站
（照片由日本制钢株式会社提供）

能够使在数平方米的大玻璃基板上的非晶薄膜多晶化

在高密度的器件中,横截面尺寸为 $0.1\mu m \times 0.1\mu m$ 的极细配线是不可缺少的。如果在这样的配线中通以 $100\mu A$ 的电流,换算成横截面尺寸为 $1cm \times 1cm$ 的配线,就相当于通 $10^6 A$ 的电流。由于电流过大,在这种状态下长期使用,配线发生断线的情况很常见,集成电路的寿命也会缩短。针对这个重要的问题,需要找到有效的方法去解决。造成断线的原因是**电迁移**(EM:Electromigration),即由于电流作用,配线材料发生移动。虽然这不是薄膜中特有的现象,但在使用薄膜时,从密度角度考虑,很小的电流也会产生大电流的效应,电迁移现象就会很明显。

例如,将墨水滴入水中,墨水会瞬间扩散开来。这是由于在浓度梯度的驱动下,物质中的分子就会从浓度高的地方向浓度低的地方移动。同样,在电子流动(电位梯度)的驱动下,原子也会发生移动,这就是电迁移。此外,当原子的移动是由薄膜的残余应力(参考 *020*)引起时,称之为**应力迁移**(Stress Migration)。

图 1 是由电迁移引起铝配线断线的例子。(a)中的黑点是断线的地方,(b)是其放大图,(c)是 Al 原子移动造成中央和左下处出现突起的例子。图 2 和图 3 是针对电迁移断线采取的措施和加速寿命试验的结果。纵轴是累计不良率,累计不良率 100% 表示使用 100 根配线进行试验时,全部断线的情况。横轴是时间。从图 2 可知,与纯铝相比,在铝中只加入少量铜就可以使配线寿命增长。图 3 中,使用三明治结构的钛的氮化物(TiN)配线,与铝合金相比,铜的配线的寿命要高出 100 倍(图 3 的电流密度是图 2 的 4 倍)。由此可见,要想提高配线的寿命,对材料种类和形状的研究是至关重要的,现在的集成电路就是采取这一系列的措施制备的。

要点 CHECK！
- 电迁移会通过电流将配线切断
- 材料中加入铜可以延长配线的寿命

图1 铝配线由于电迁移产生断线的例子

a 电迁移和断线

$1\mu mt \times 10\mu mW \times 1mml$ 的配线、黑点是断线部位

Cathode　　　　　　×350　　　　　　Anode

b 断线部位的放大图片

c 断线部位的原子发生移动，产生突起的例子

10U 4301　　5μm

×5000

如图所示,电流的作用导致断线

（照片由日本电气株式会社提供）

图2 发生电迁移的情况下，配线的试验时间和累计不良率的关系

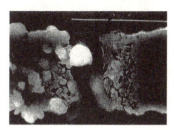

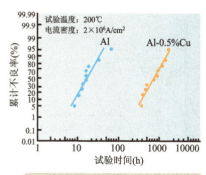

Al-0.5%Cu的配线，温度在200℃、电流密度2×10⁶A/cm²的条件下试验，1000h后70%的配线发生断线。而不掺杂Cu的Al配线会在更早发生断线。由此可见，加入微量的Cu可以延长寿命。

（日本电气株式会社提供）

图3 发生电迁移的配线的累积不良率，Al-Si-Cu配线与Cu配线的差别

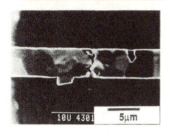

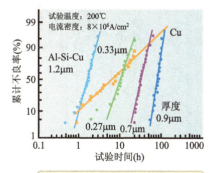

与图2相比,电流密度增大4倍,寿命加速缩短。配线由三明治结构的TiN构成。由此可见,配线的结构同样重要。

（日本电气株式会社提供）

太阳之子——等离子体

元月一日的早晨,东方的天空茜色一片,太阳从地平线缓缓升起、熠熠生辉,处处洋溢着初春的明媚,给人以希望和力量。

太阳是一个巨大的等离子体,它的半径约是地球的 109 倍(约为 70万千米,比月球的公转半径还大,如果把太阳放在地球的位置,月球就会被吞没)。如果把日冕算在内,太阳的体积还要大出数十倍。太阳中心温度高达 1400 万 K,表面温度也可达到 6000K。可以说,这个巨大的火球发出的光孕育了地球万物。

在薄膜的制备和加工(刻蚀等)过程中,经常要用到等离子体。现在等离子体在薄膜领域的作用是原来无法想象的。例如,需要利用等离子体才能把薄膜固化在基板上。后面将提到溅射法,如果没有等离子体,溅射法就无法实现。此外,蒸镀法也会用到等离子体。也正是因为等离子体,才使纳米级薄膜元件和系统(比如半导体器件)的制备和加工(刻蚀等)成为可能。

等离子体在薄膜制备中扮演着举足轻重的角色.

第 6 章

等离子体在薄膜制备中的重要性

在薄膜的制备中,要用到很多技术,
其中等离子体扮演着非常重要的角色。
基板的清洗、薄膜的强化、溅射时离子的获得、真空测定等,都离不开等离子体。
将等离子体用于不同的方面,就可以在许许多多的领域衍生出各种各样的新技术。

在距地面 $100 \sim 400 km$ 的高空中,会有绚烂美丽的极光,它就是自然界中等离子体的一种(如图1,详见 *010* 图2)。闪电也是等离子体,这些神秘不可思议的发光现象正是等离子体的特征。虽然我们肉眼看不到,但是宇宙中的大部分空间都充满了巨大恒星发射出的微弱等离子体。

等离子体在薄膜技术领域非常重要,相比于等离子体之前的第一代薄膜技术,它对于第二代薄膜技术具有划时代的意义。

在薄膜技术中所用的等离子体,首先通过放电来产生。图2是压强与等离子体中电子温度的关系示意图。薄膜中使用的等离子体压强在 $100Pa$ 以下,比 10^5Pa(大气压)下等离子体的温度(T_g)要低,所以我们称它为**低温等离子体**。

其中以下几点很重要:①等离子体中高温电子的温度可高达 $10^7 \sim 10^8$℃,而低的只有几千℃。图2纵轴的左侧列举了各种对比温度,我们可以看到等离子体中电子的温度竟有如此之高;②等离子体中的离子很多。如果把这些离子分离出来,可以用于溅射和刻蚀,也可以用**离子**照射基板以清洗表面或者改变薄膜组成;③离子与电子碰撞会产生化学性质非常活泼的**原子和分子基团**。因此,等离子体化学性质极为活泼。

据推测,天然的**金刚石**是在5万个大气压、2000℃的条件下形成的,但是等离子状态下的金刚石小颗粒在 $1/1000$ 个大气压、700℃的条件下就可以合成。这正是等离子体的奇妙之处。

要点 CHECK

- 等离子体可以引起意想不到的化学反应
- 这就是等离子体在薄膜技术中广泛应用的原因

　　在制备半导体器件和超薄电视机平板显示器及各种传感器薄膜过程中,等离子体是具有划时代意义的重要技术。但是等离子体并不能保存于容器中,等我们需要的时候再拿出来。我们必须能够根据自己的目的在需要时生成一定形状、强度和质量的等离子体,但是如何才能产生等离子体呢?

　　如图1所示,在两块平行的平板上加几百到几千伏特的电压就会产生等离子体放电,发出绚烂、不可思议的光。通过对以下三个阶段的解释可以帮助你理解其中的奥秘。

　　阶段1,在宇宙射线、紫外线、电场等的作用下,阴极附近发射出光电子(母电子)(如图1过程①)。

　　阶段2,电子在阳极的吸引下快速移动,途中与气体分子碰撞,气体分子失去电子(二次电子)后变成离子。电子因为质量轻、容易移动,很快便到达阳极(如图1过程②)。

　　阶段3,阳极的离子在阴极的吸引作用下向阴极移动,到达阴极时把阴极物质弹飞(溅射),同时产生电子(母电子)(如图1过程③、图2)。这些电子(母电子)又重复阶段1的过程,通过过程②和过程③产生离子(以及二次电子)。当这些阶段同时发生时,就进入了自持放电状态。

　　如果增大真空度的话,又会发生什么情况呢?由于气体分子的密度变小,在阶段2中产生的离子数剧减。产生1个电子需要10个离子,因此放出的电子数剧减,最后不再放出电子。无法产生二次电子,因此自持放电不能维持。如果要继续放电,必须增大气压或者增加电极之间的距离(电子移动的距离)。

要点 CHECK!　　● 依靠自身持续放电的现象叫做自持放电

图1 放电机理

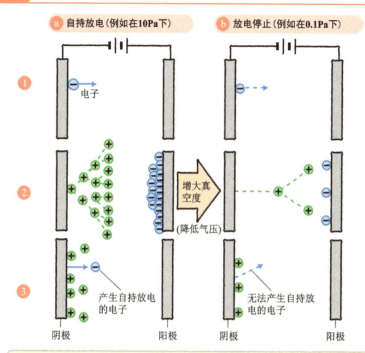

a 自持放电(例如在10Pa下)　　b 放电停止(例如在0.1Pa下)

① 电子

② 增大真空度 (降低气压)

③ 产生自持放电的电子　　无法产生自持放电的电子

阴极　　阳极　　阴极　　阳极

过程①中产生大量电子,过程②中产生离子的同时又放出电子,过程③就是自持放电。

图2 离子撞击物体后通过溅射作用产生电子

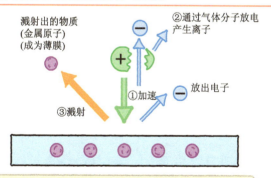

溅射出的物质
(金属原子)
(成为薄膜)

②通过气体分子放电产生离子

①加速

放出电子

③溅射

放电产生的电子维持自持放电,溅射出的物质成为薄膜。

在使用等离子体的时候,最重要的是能够在良好的真空中,即尽可能低的气压下实现自持放电。原因是高电压(两极板间需要几千伏的高压)容易破坏装置的绝缘性,而且对人有危险。

要想实现这些,就要把电极间的距离增大数倍。只有增加基板间的距离,电子与气体分子之间的碰撞概率才会增加。天然的等离子体极光即使在 $10^{-5} \sim 10^{-6}$ Pa 的稀薄大气中也能够实现自持放电(参照 010)。电子自由飞行数千米引起等离子体放电,这种现象只能在宇宙中发生。

如图 1 所示,在垂直于电场的方向加一磁场,电子的飞行方向就会偏转,使飞行距离变长。电子如果返回图中右边的电子 A 的位置,就会连续螺旋式的飞行,这大大增加了飞行距离。

如图 2 所示,按照图中的想法,把从(a)到(c)的过程改为(d)所示,电子就会螺旋式的回转,大大增加了飞行距离,这样就可以实现低气压下的自持放电。这与微波炉中使用的磁控管的结构相同,称作**磁控管放电**。要想在平面上实现的话,就要用如图 3 所示的平板磁控管。在靶电极里放置磁铁,靶电极的放电一侧就会产生磁力线,形成电场与磁场正交的通道,电子在通道里螺旋运动,与气体分子碰撞,一点点靠近阳极。

通过这种方式,就可以在平板电极上实现磁控放电,因为镀薄膜的靶材大多是平板(图 2 中 d 的阴极上很难安装平板),所以这对于溅射具有划时代的意义。

要点 CHECK!

● 磁控放电就是电子在电极表面的磁场通道里飞行
● 在超高真空下也能自持放电

图1 磁控管放电的机理

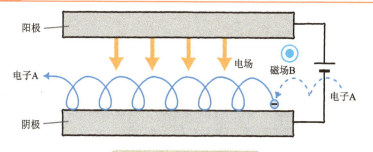

磁场使电子的飞行距离增长。

图2 改造后的磁控管可以实现二极放电

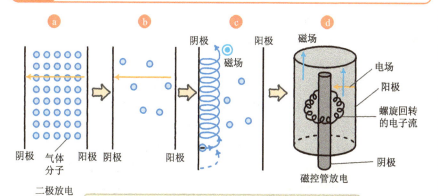

把(a)改良成为(d)后，电子螺旋式运动，飞行距离接近无限长。
在平板上也可以螺旋式运动，这是现在的主流做法。

图3 平板磁控管放电的机理

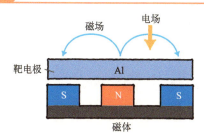

靶电极下方放置了磁体，在磁体表面形成磁场，电子在这个磁力线的隧道里不停地旋转。

薄膜领域存在着各种各样未知的可能,技术人员也有着各种各样的设想。如果能够制备出实现这些设想所需要的等离子体,这些设想就会变为可能。因此,薄膜与等离子体有着密不可分的关系。

现在等离子体的制备方法大致有五种,如图1所示。(a)所示的**二极放电型**是(034)中所提到的放电方法,也是最早开始使用的放电方法。因为面积大,构造简单,所以广泛地被应用于溅射、刻蚀、气相沉积等各个方面。缺点是这种方法在1Pa以下的低气压下无法使用,而且需要高电压。

为了能够在低气压下使用,人们发明了利用热电极产生大量电子的**热电子放电型**,如(b)所示。这在一定程度上降低了气压,但是在氧气和水蒸气等气体环境下,热阴极会遭到破坏。(c)所示的是**磁场约束型**,即(035)章节中提到的方法,这种方法没有前两者的缺点,应用最广。

因为在需要处理的材料附近有电极存在,所以在溅射等过程中,容易将电极中的杂质掺入薄膜。为此人们改良发明了如(d)所示的**无电极放电型**。这种方法是在石英管外侧缠绕高频线圈,这样就能在无电极的情况下在内部产生等离子体。该方法常用于时效处理和气相沉积。

(e)所示的是**ECR放电型**。即将微波送入共振室,并在轴向加磁场,电子以磁力线为轴做螺旋运动。调节磁场强度,使电子绕磁力线的旋转频率和微波频率匹配而共振(ECR:Electron Cyclotron Resonance),从而在低气压下产生高密度的等离子体。这种方法在冷阴极下也可实现,因此被广泛地使用。目前,等离子体的研究正朝着高密度化、低气压化、大面积化、均一化、低耗能化的方向发展。

要点
CHECK!
- 等离子体的研究正朝着高密度化、低气压化、大面积化、均一化、低耗能化的方向发展

图1 产生等离子体的基本方式

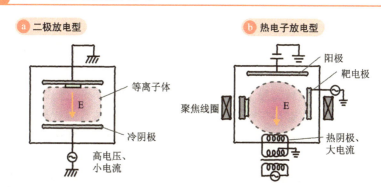

a 二极放电型

等离子体

E

冷阴极

高电压、小电流

b 热电子放电型

阳极

靶电极

聚焦线圈

E

热阴极、大电流

c 磁场约束型（磁控放电型）

E B

冷阴极

S N S 磁体

低电压、大电流

d 无电极放电型

石英管

E

由石英等绝缘体制成

高频诱导线圈

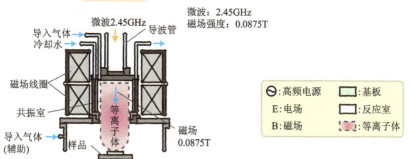

e ERC放电型

微波：2.45GHz
磁场强度：0.0875T

导入气体
冷却水

微波2.45GHz 导波管

磁场线圈

共振室

等离子体

导入气体（辅助）

样品

磁场 0.0875T

⊝：高频电源	▭：基板
E：电场	▭：反应室
B：磁场	▨：等离子体

产生等离子体的五种方式各不相同，
根据用途选择合适的方式。

也许有人曾经在学校实验室的玻璃上镀薄膜,但是用这种玻璃迎着太阳看去,会发现薄膜上有针孔。这些针孔正是薄膜制备的难题。基板上如果有尘埃,如图 1 所示,镀膜后,这些有尘埃的地方就会产生针孔,如果在这样的基板上接线,就会引起接触不良。为了避免产生针孔,必须保证基板表面清洁干净。

图 2 所示的是产生针孔的尘埃粒径以及大气中其他的尘埃粒径。烟灰和病毒也会导致针孔的产生,所以要首先净化房间。房间里的空气要经过过滤器,房间里不能有传动设备,因为人和运作的机器都是产生尘埃的原因。

如图 3 所示是对房间清洁度的规定。等级 1 是指每平方米面积内直径 0.3μm 的尘埃在 1 个以下,直径 0.1μm 的尘埃在 10 个以下。如果尘埃更少,可称为"**清洁工作台**"。

真空装置和旋转真空泵都要放到工作间外。如果不能移动,也要把排出的油和烟用导管排放到室外去。

实际上,在真空室中也残留着由于薄膜剥落而产生的尘埃。排气开始的时候突然间打开阀门,真空室内会产生乱气流,引起尘埃飞扬,使薄膜产生针孔,因此要慢慢地打开阀门排气。我们使用的水和药液也要通过净化除尘,净化间中不能使用纸和铅笔,并且要在塑料纸上用圆珠笔书写。这些都是从超高密度化、超微细化的角度出发考虑的,是制备薄膜时要遵守的准则。薄膜制备者可根据自己要制备薄膜的种类决定净化间的清洁度。

要点 CHECK!
- 要彻底地防止尘埃
- 尘埃会因为运动(人、机器)而产生,因为乱气流而到处飞扬

图1　针孔的形成

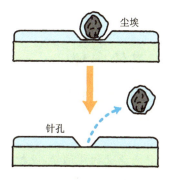

尘埃

针孔

因尘埃而产生针孔是薄膜制备的难题。

图2　尘埃粒径与空气清洁度级别

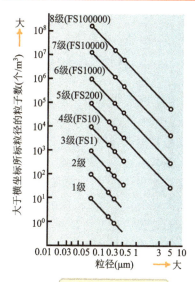

制备薄膜时要尽可能去除房间中的尘埃。

图3　大气中尘埃粒子尺寸对比

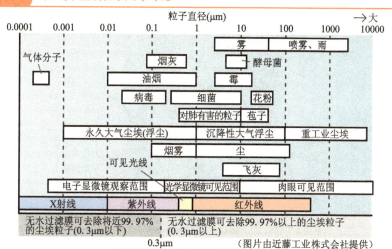

（图片由近藤工业株式会社提供）

数十纳米的纳米器件连病毒也能去除。

COLUMN

望远镜和照相机视场变亮的奥秘

伽利略发明了由一面凸透镜(物镜)和一面凹透镜(目镜)构成的望远镜(1609 年),并将其用于天体运行的研究。研究结果有力地支持了哥白尼的日心说(1543 年)。

第二次世界大战之后,人们为了获得放大倍数更大的望远镜,就把几面透镜叠加使用,这样像是放大了,但是视场却变暗了。因为一面透镜的表面大约有 4% 的光被反射,透过四面透镜的光大约只有原来的 70%,透过八面透镜的光大约只有原来的 50%。

要是在这样的透镜上加上一层极薄的膜的话,就可以减少光的反射,如果加上三层薄膜,就可以制出几乎完全透光的透镜。蒸镀法最初就是用于制造这种薄膜。正因为如此,现在的望远镜和照相机的视场才会变亮。

欧美国家在第二次世界大战之前就开始用蒸镀法制造防反射薄膜,日本也从第二次世界大战开始使用。现在蒸镀法已经广泛地应用于制造金纸、银纸以及塑料模型等领域。

蒸镀法最初用在制作镜头的防反射薄膜上。

第 **7** 章

从古代沿用至今的蒸镀法

蒸镀法是指在真空中加热镀膜材料使之蒸发气化，
气化后的材料沉积在基板上，从而获得薄膜的方法。

蒸气就像一个点光源，在距离这个点光源正中心的位置形成的薄膜较厚，
因此为了获得厚度较为均一的薄膜，就需要精确设计基板的位置分布。
使镀膜材料蒸发的方法不仅仅是加热，还可以使用电子束、激光、等离子体等方式。

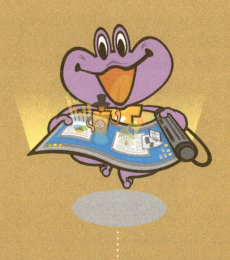

与白炽灯和微型灯泡一样,当电流通过极细的电阻丝时,电阻丝会产生高温。在真空中,如果在这样的电阻丝上加上铝等镀膜材料,通电后,材料就会熔化并蒸发,进而沉积得到薄膜。由于蒸镀法工艺简单,它的使用已有很长历史。但是,电阻加热法会因电阻丝的蒸发而引入杂质,因此随着人们对薄膜性能要求的不断提高,电阻加热法已经不能满足人们对薄膜纯度的需求。电子束加热法可以很好地解决这一问题,这就使得古老的蒸镀法在今天仍占据着重要的地位。

图1是**电阻加热蒸发源**。(a)中把钨(W)和钼(Mo)等高熔点灯丝弯成U形,并在上面缠绕镀膜材料。在真空中对灯丝进行通电加热,镀膜材料熔化蒸发;(b)中把电阻丝弯成圆锥篮状;(c)中把金属做成舟状,并把镀膜材料放入其中;(d)中把粉末状的镀膜材料放入坩埚内,再用灯丝从上方加热使其蒸发。此外还有很多方法。

图2是**电子束加热蒸发源**。使用电子束加热可以避免电阻丝自身的蒸发而引入杂质。如图所示,在垂直于纸面的方向上加以磁场,电子束经过磁场转向后击中并加热镀膜材料,使其熔化并蒸发。这种方法适用于任何镀膜材料,而且用水冷却坩埚,也不会有杂质引入。

图3是空心阴极放电的**电子束加热蒸发源**。通过在空心阴极(即图中的放电室)中放电得到强电子束,击中镀膜材料,使其熔化并蒸发。但是使用这些加热方法不可避免地会引起镀膜材料组成的变化(详见*030*),但采用**激光加热法**可以避免镀膜材料组成的变化(详见*042*)。

- 电阻加热、热阴极电子束加热、真空电子管加热、激光加热等加热方法都可以用于蒸发镀膜材料
- 除激光加热法之外,其他方法都会引起镀膜材料组成的变化

图1 电阻加热蒸发源

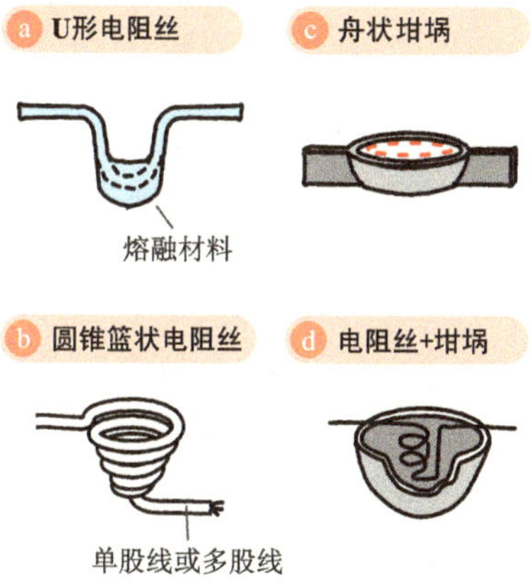

a U形电阻丝

c 舟状坩埚

熔融材料

b 圆锥篮状电阻丝

单股线或多股线

d 电阻丝+坩埚

此外还有很多加热方法，使用电阻加热法会引入杂质。

图2 电子束加热蒸发源

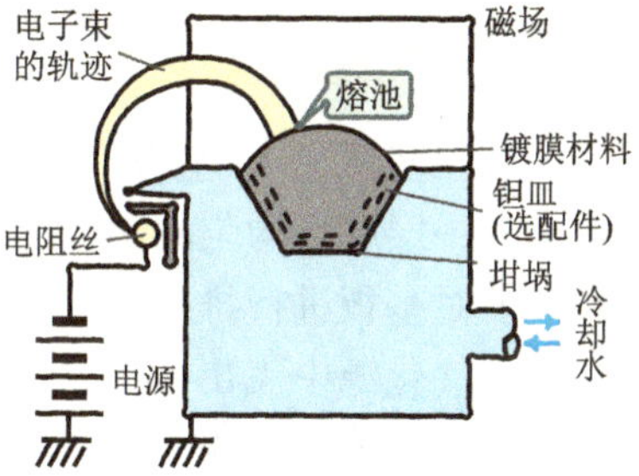

电子束的轨迹

熔池

磁场

镀膜材料

钽皿（选配件）

电阻丝

坩埚

冷却水

电源

被电子束击中的部位会熔化并蒸发。

图3 空心阴极放电的电子束加热蒸发源

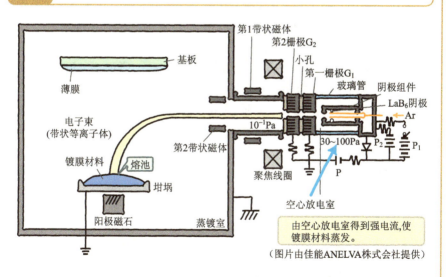

第1带状磁体
第2栅极G_2
小孔
第一栅极G_1
玻璃管
阴极组件
LaB_6阴极

基板

薄膜

电子束（带状等离子体）

10^{-1}Pa

第2带状磁体

镀膜材料

熔池

坩埚

聚焦线圈

30~100Pa

P_2

P_1

Ar

P

空心放电室

阳极磁石

蒸镀室

由空心放电室得到强电流,使镀膜材料蒸发。

（图片由佳能ANELVA株式会社提供）

在很多情况下，基板不止一块，而是有十多块，因此为了在多数基板上加工一层厚度均匀的薄膜，需要做一些特殊的处理，即在选择气化源之后需要对基板进行排列。

从气化源中飞出的原子在真空中做高速直线运动（参照 *014*）[注1]。在任意方向上飞出原子的多少叫做该气化源的**放射特性**，例如 U 形丝状阴极，如图 1（a）所示，薄膜材料熔化后，原子向四周概率均等地飞出。由于这种气化源与点光源类似，所以也称为"点源"。

与 U 形丝状阴极不同，舟状加热器加热产生的原子由于受容器的遮挡，只是从船开口的方向飞出。这种气化源叫做"微小平面源"。飞出原子的数量在各个方向上是不均等的。在与面法线成 ϕ 角度的方向，飞出原子的数量与 $\cos\phi$ 成正比（这个叫做**余弦法则，cosine law**）。正上方 $\cos0° = 1$ 最大，$45°$ 方向 $\cos45° = 0.7$，水平方向 $\cos90° = 0$。这样就形成了图 1（b）所示的球。设以气化源为中心，高 h、水平距离为 δ 的圆周上一点的膜厚为 t，中心上的膜厚设为 t_0，图 1 中 δ/h 的点上膜的厚度分布就如图 2 所示。由于膜厚在中心厚，边缘薄，因此必须要做特殊的处理[注2]。

要控制每块基板上的原子附着量相同，如图 3 所示，可以把基板放在相当于球面的碗上，绕中心轴公转的同时绕 P 轴自转（类似天体运动，所以称为**行星夹具**）。如图 4 所示，也可以把气化源作成环形（接近于面光源），叫做**环形气化源法**（有一个气化源，旋转基板也是一样的）。日本引以为豪的世界最大的望远镜"星"中所用的直径为 8.2m 的巨大的反射镜就是将同心环多层放置而制成的。

要点 CHECK！

- 点源发射原子是等方向性的，微小平面发射原子源遵循余弦法则
- 使膜厚均匀的方法有行星夹具法、环形气化源法等

注1：香烟的烟雾在空气的阻力作用下会缭绕上升，如果是在真空中，由于没有任何阻力，烟雾可以像光线一样直线上升。

图1 点源和微小平面源

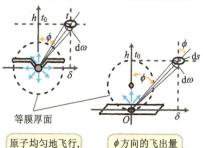

a 可以看做点源的气体源
(类似点光源)
b 微小平面气体源
(比点源稍集中)
h
t_0
t
φ
dω
δ
ds
O
等膜厚面

原子均匀地飞行，遍布四面八方。

ϕ方向的飞出量遵循余弦法则。

图2 点源和微小平面源的薄膜分布比较

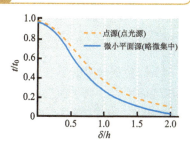

1.0
0.8
0.6
0.4
0.2
0
0.5
1.0
1.5
2.0
t/t_0
δ/h
点源(点光源)
微小平面源(略微集中)

t/t_0表示为中心厚度的倍数，δ/h表示距中心高度距离的倍数(1表示离开的距离与高度相同)。如同在蜡烛的上面放一张纸,中心明亮一样,中心位置的膜更厚。

图3 行星夹具

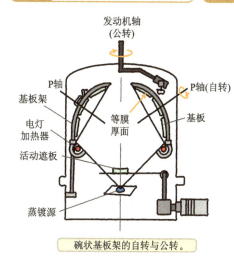

发动机轴
(公转)
P轴
P轴(自转)
基板架
等膜
厚面
基板
电灯
加热器
活动遮板
蒸镀源

碗状基板架的自转与公转。

图4 环形气化源

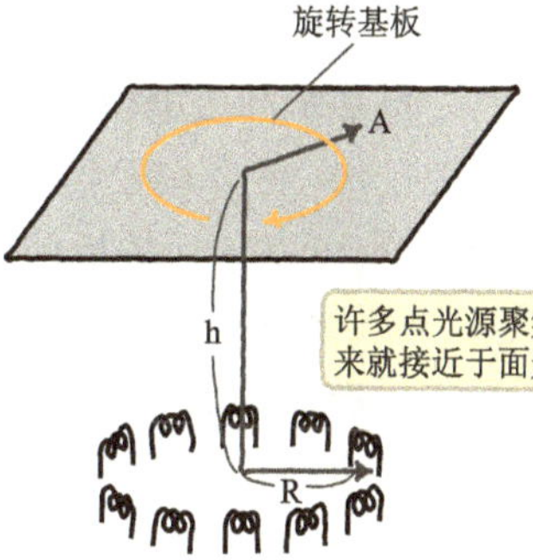

旋转基板
A
h
R

许多点光源聚集起来就接近于面光源。

将气化源置成环状,就可以在它上面旋转基板。

注2:位于点光源上方的白纸,其中心明亮、边缘昏暗,与此相似,如果将基板简单地呈平面放置,那么所镀膜的厚度是不可能相同的。

　　人们希望薄膜能够在基板上附着紧密,为了实现这种附着,**离子镀法**就应运而生了。离子镀法适用于两种情形,一种是在进行了很好的前期处理(*024 ~ 025*)与蒸镀前的工序的基础上,仍然没有得到预想的结果;另一种是希望得到更强的附着强度。使用电镀法,从气化源飞出的一部分原子或分子在中途电离,在电场的作用下加速,加速后的离子速度可以达到材料气化时原子速度的上万甚至上百万倍,之后这些加速的粒子猛烈撞击基板。由于轰击的效果好(*026*),薄膜的附着强度也随之增大,薄膜的结晶性能也得到改善(参照 *019*)。

　　如图 1 所示,有 4 种离子镀法为人们所熟知。在(a)**直流法**中,基板周围形成真空度约为 1Pa 的真空状态,相对于气化源,基板形成负的高电位(数千伏),这样基板的周围会产生辉光放电,在这种状态下进行蒸镀(参照 *034*)。蒸发出来的原子受等离子体中电子的冲击被电离成正离子。正离子被基板的负电位加速,与基板撞击(如果没有被加速,只有零点几个电子伏特(参照 *045*),所以加速后会达到几万倍的速度)。离子沿着电场线飞行,可以达到基板的背面(绕行性良好)。(b)介绍了**高频波法**,在基板和气化源之间加入高频波线圈,高频波使电子振动,能够在更高的真空度下进行离子镀。在(c)**原子团离子束法**中,从坩埚上方的小孔中喷出由几个到几千个原子构成的原子团,这些原子团在下一级真空室中被电离,并加速向基板运动。(d)**热阴极法**中没有原子团形成,而是直接电离原子。以上 4 种方法共同的特点是先电离,再加速。由于速度很大,结合强度增大,可以得到结晶度好的薄膜。想做结合力强的薄膜,不妨使用一下这个方法。

要点
CHECK!

● 电镀法有直流法、高频波法、群离子束法和热阴极法4种方法

图1　各种离子镀法

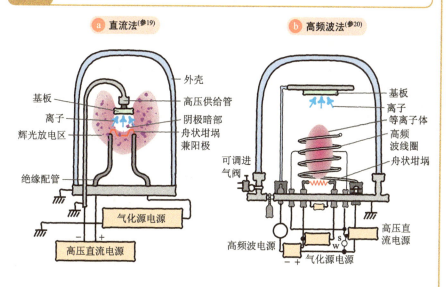

a　直流法[参19]

外壳
基板
高压供给管
离子
阴极暗部
辉光放电区
舟状坩埚
兼阳极
绝缘配管
气化源电源
－　＋
高压直流电源

b　高频波法[参20]

基板
离子
等离子体
高频
波线圈
舟状坩埚
可调进
气阀
高压直
流电源
高频波电源
S
W
－　＋
气化源电源

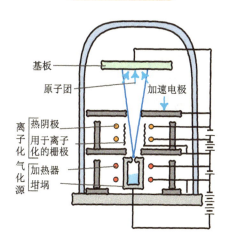

c　原子团离子束法[参21]

基板
原子团
加速电极
离子
化
气
化
源
热阴极
用于离子
化的栅极
加热器
坩埚

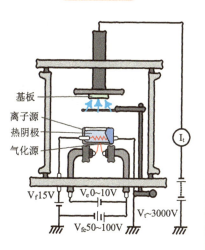

d　热阴极法[参22]

基板
离子源
热阴极
气化源
I_t
V_f15V
V_e0~10V
V_r~3000V
V_{fe}50~100V

薄膜材料中途被离子化并加速，与基板撞击形成薄膜(电镀)。

由于离子镀的附着力强,可改善薄膜的晶体性,并且离子绕行性良好,因此出现了关于离子电镀的研究热潮。在 NASA,作为航空机旋转轴的润滑剂已经进入了实用阶段(*040* 介绍了直流法的实用例子,*028* 所讲的研究是在此基础上进一步发展的结果),之后离子逐步向改善薄膜性能的方向发展。

图 1 展示的方法,其总称是**离子束辅助沉积**。(a)中蒸镀进行的同时,通过离子束照射(氩离子等)来改良膜的性能。离子并不是由放电产生,而是通过其他方式产生的,所以蒸镀源周围的真空度比较高,也可以使用电子束蒸镀源。(b)是将蒸镀材料本身离子化,并向基板照射形成薄膜的方法(*040* 的群离子束法就是其中之一)。(c)中用离子溅射代替了(a)中的蒸镀源。

图 2 中用离子束进行基板表面的**改性**。不再采用在基板上覆盖一层薄膜的方法,而是直接改变表层的性质,所以不会有薄膜剥落的问题。(a)是将高速离子注入基板表面,改变表面成分。例如,在硅(Si)基板中注入 3 价的硼离子(B^{3+}),形成 P 型半导体;或是在表面注入氧离子,形成 SiO_2 膜。(b)是使用离子对基板表面已形成的薄膜进行照射,从而使薄膜与基板材料混合,进而改变表层。例如,即使在硅表面附着钼,也不能保证导电性。在这种情况下使用离子混合的方法,就可以达到完全导电的效果(也叫做**欧姆接触**)。(c)和图 1(a)是一样的。

要点
CHECK!

• 离子辅助蒸镀法和表面改性法都有效果

图1 离子束辅助蒸镀

a 离子束辅助沉积
(Ion Beam Assist Deposition)

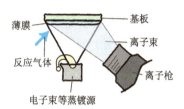

薄膜　基板
离子束
反应气体
离子枪
电子束等蒸镀源

b 离子束沉积
(Ion Beam Deposition)

薄膜　基板
反应气体
离子束
离子枪

c 离子束喷镀沉积
(Ion Beam Sputter Deposition)

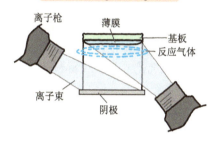

离子枪　薄膜　基板
反应气体
离子束
阴极

> 离子在形成束状之后
> 比较容易集中，因此
> 可以制作更好的薄膜。
>
> 除此之外还有群离子束法
> (如040的图1c)

图2 离子束表面改性法

a 注入离子

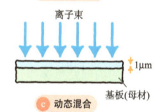

离子束
1μm
基板(母材)

b 离子混合

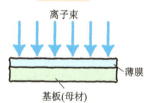

离子束
薄膜
基板(母材)

c 动态混合

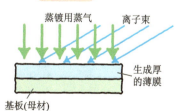

蒸镀用蒸气　离子束
生成厚
的薄膜
基板(母材)

> 利用离子束改变基板表面的
> 性质，薄膜不会剥落。

042

防止蒸镀材料与薄膜间的成分变化
激光沉积法

　　利用离子可以基本满足单质的蒸镀要求,但无法满足合金及其化合物的蒸镀要求。蒸镀合金和化合物的一个方法是(*030*)所介绍的"闪蒸"。然而把蒸镀材料加工成粉末,并确保粉末在蒸汽的作用下依然保持粉状而不被蒸汽吹起来是很困难的,而且粉末进入薄膜会形成针孔,所以用板状物件进行气化时,采用**激光沉积法**(PLA:Pulsed Laser Ablations)。正如高温氧化物超导膜和铁电体那样,需要严格保持膜的成分单纯时很有效(参照 *050*)。

　　如图 1 所示,使脉冲激光在靶材(要制作成薄膜的板状材料)上汇聚,能够看到叫做"**光柱**"的发光现象,在基板上就可形成薄膜。激光的能量密度大,在每一个脉冲中,只有表面层被气化。与板状材料的闪蒸相似,利用数千赫兹的脉冲波可实现连续制膜。

　　图 2 展示的是高温超导体 YBaCuO(组成比为钇 1:钡 2:铜 3 的氧化物,也叫做 YBCO)的镀膜结果。(a)表示的是膜厚分布,一般情况下,如虚线 B 所示(余弦法则,参照 *039*),但是实际情况却由 A 图所示,分布更为集中,这说明薄膜材料并不是从微小平面进行气化,而是从图 1(b)所示的小坑中进行,并且形成蒸气是集中喷出的。图 2(b)展示的是成分分布情况,在 A 的范围内,成分变化不大,但 B 中成分有很大的偏差。从这里我们可以理解 PLA 原理:①吸收激光,材料的局部温度急剧上升,②材料局部急剧液化、气化。由于局部表面的辐射冷却和气化热的作用,材料的表面温度要低于内部温度,③比表面温度高的内部发生爆炸,连带表面也被吹起。虽然装置昂贵,但是在对材料成分有很高的要求时,PLA 是一种经常被使用的技术。

要点 CHECK!

- 激光脉冲对薄膜材料每作用一次,就会使材料发生一次爆炸式的气化
- 利用激光沉积法可以制备几乎没有成分变化的薄膜

图1 激光磨损

a 激光脉冲打到薄膜材料上产生"光柱"

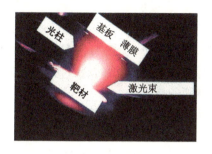

b 接触部分爆炸式的气化

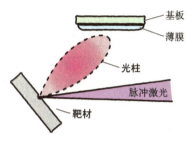

基板
薄膜
光柱
脉冲激光
靶材

图2 成分变化小[参23]

以能量密度为1.5J/cm²的激光堆积形成的YBCO超导体薄膜的膜厚分布(a)与成分分布(b)。(a)的虚线表示偏离阴极的法线 θ 角度时,按照余弦法则($\cos\theta$法则)得到的结果。(b)的实线、虚线、点线分别表示阴极的成分比。

a 膜厚变化和角度 θ

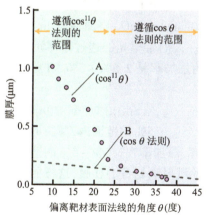

遵循$\cos^{11}\theta$法则的范围
遵循$\cos\theta$法则的范围
A ($\cos^{11}\theta$)
B ($\cos\theta$ 法则)
膜厚(μm)
偏离靶材表面法线的角度 θ(度)

b 成分变化和角度 θ

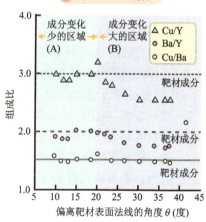

成分变化少的区域 (A)
成分变化大的区域 (B)
Cu/Y
Ba/Y
Cu/Ba
靶材成分
靶材成分
靶材成分
组成比
偏离靶材表面法线的角度 θ(度)

在偏离余弦法则距阴极中心很近的区域(0~20度)没有成分变化

043

制作透明导电的薄膜
透明导电薄膜的蒸镀方法

对于超薄电视、电脑、计算器的显示器而言,都要使用既透明又导电的薄膜。特别是液晶显示器,它正对观众的一面需要很多电极。如果薄膜不是透明的,我们就无法看到图像。玻璃是典型的透明物质,但是不能导电。下面就介绍制作透明导电薄膜的技术。

对于制作透明导电薄膜的方法,人们已经进行了很多研究。例如在大气环境下,在玻璃表面涂覆锡的氧化物,再对其进行透明化热处理,或者在真空环境下蒸镀氧化锡(SnO_2)。但是透明度热处理所引起的玻璃变形都存在问题。

铟(In)和锡(Tin)的氧化物 ITO 就是在这种背景下产生的。正如前面提过的那样,出于价格因素的考虑,人们曾尝试在大气下制备 ITO 薄膜,但是由于透明度和电阻性能无法满足需求,因此现在制备 ITO 薄膜普遍采用真空法。

铟(In)中锡的添加量决定着透明导电膜 ITO 的透明度和电阻大小。图 1 所示的是可见光区域(350 ~ 800nm)内,SnO_2 添加率对 In_2O_3-SnO_2 蒸镀膜的光透过性影响的研究结果。人们希望光的透过率尽可能达到100% ,与此期望值最接近的氧化锡的添加率是 2.5% ~ 5% ,在此添加率下,光的透过率可达 80% 以上。

另一方面,电阻也在较低的范围。图 2 是 SnO_2 添加率对 In_2O_3-SnO_2 蒸镀膜的电阻值的影响。添加率在 2.5% ~ 5% 的范围内,薄膜的电阻较小。透明度和电阻性能同时得到改善,添加率在2.5% ~ 5% 的薄膜得到广泛应用。也可以用批量生产性好的溅射法制备 ITO 膜,这样的情况下也会得到同样的结果(参照 050、051)。

要点
CHECK!
- 显示器需要具有良好的透光性和导电性的薄膜
- ITO制法中氧化锡的最佳添加率为2.5%~5%

图1 可见光区域内,SnO₂添加率对In₂O₃-SnO₂蒸镀膜的光透过性的影响[参24]

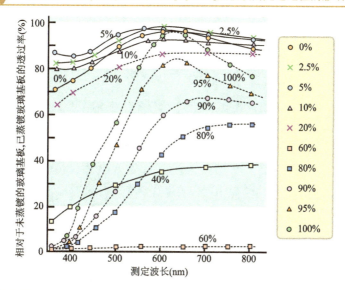

图2 SnO₂添加率对In₂O₃-SnO₂蒸镀膜的电阻的影响[参25]

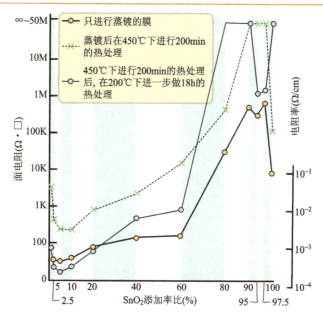

活学活用

荧光灯的两端逐渐变黑,突然"啪"地一下不亮了,看来又到了它的使用寿命了。这黑色的部分就是在荧光灯阴极被溅射产生的薄膜。

溅射法很早就为人们所熟知(19 世纪),但薄膜的大量生产却是在 1966 年,主要是用于大批生产电话所用的电阻薄膜(美国的贝尔研究室)。这种膜抗时效性强(10 年仅为 0.005%),同时热稳定性好。此后人们又开发出很多新的方法,这些新方法对于薄膜批量生产意义重大。

Sputter(溅射)有"噼噼啪啪的声音"之意,在薄膜技术中是指把材料电离后离子飞溅打在基板上制成薄膜的方法。荧光灯的两端之所以变黑就是由于荧光灯中放电产生的离子使电极材料飞溅,飞溅的材料附着在周围的玻璃管上所形成的。

溅射法的最大特点是可制成巨大的几平方米的平面气化源,从而得到与气化源成分几乎一致的薄膜(可做成所需成分的薄膜)。

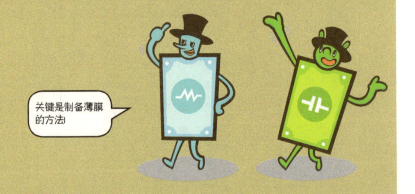

关键是制备薄膜的方法!

第8章

大面积气化源、适于批量生产的溅射法

溅射法的原理是利用离子将材料撞击出表面，它适于批量生产
成分几乎没有变化的大面积薄膜，在大规模薄膜生产中占据着重要的地位。
溅射法采用从二极放电到磁控放电等多种方式，汇聚了很多技术和开发成果。
无论对于金属单质还是合金、化合物，喷镀法都有广泛的应用。

　　"Sputter"在词典中有"噼噼啪啪的声音"之意。我们这里所讲的意思是用离子把薄膜材料的原子撞击出来。

　　溅射法自 19 世纪就为人们所熟知。荧光灯的两端变黑,表示马上就要达到它的使用期限。这就是我们生活中由于溅射法带来困惑的例子。离子与固体表面撞击,会发生如图 1 的现象,利用其中放出的中性原子、分子就可以制作薄膜了。

　　图 2 表示的是离子的能量与**溅射率**(1 个离子可以溅射出几个原子)的关系(1 表示 1 个离子可以溅射出 1 个原子)。如果溅射率高,即用很少的离子(小电流,即低电功率)就可以溅射出很多材料原子,可以快速地制作薄膜。溅射率会随离子能量的增高趋于饱和。一般使用 1keV 以下的能量。反之,如果能量小,对于大多数材料,在 10～30eV 以下就不能溅射出来。

　　如图 3 所示,溅射率因离子和靶种类的不同而有很大差别。金、银、铜这样的贵金属易被溅射,而像钛、铌、钽、钨等高熔点金属就不易被溅射。经常使用惰性气体中比较容易获得的氩离子用于溅射。氦、氖等其他惰性气体的离子也经常使用。而其他的离子,特别是氧离子,则使溅射方法发生改变(参照 050、051)。

　　当靶材是由溅射率不同的金属(例如铜和铝)构成的合金制成时,一般认为铜会先被溅射,而事实上如(030)所介绍的那样,我们可以制成与靶材料组成相同、几乎没有成分变化的薄膜。

要点 CHECK!

　　● 溅射率根据离子的种类、能量以及靶材材料的不同而有所差别

图1 伴随离子撞击发生的现象

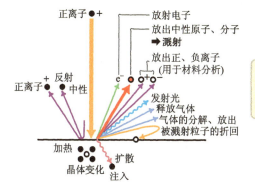

离子撞击固体表面时会产生如此多的效应,红色部分会形成薄膜。

图2 氩离子的能量与铜的溅射率(参26)

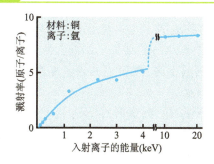

溅射率(1个离子可以溅射出几个原子)随离子能量(参照*045*的名词解释)的增大而增大,最终达到饱和。

图3 固体氩离子作用下的溅射率(参27)

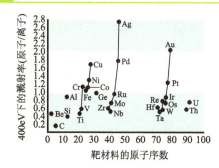

溅射率根据材料的不同而不同。金、银、铜的溅射率大,钛、铌、钽(高熔点金属)的溅射率小。

溅射产生的原子遵循余弦法则且速度非常快

离子撞击形成的薄膜材料(一般做成板状,由于要与离子撞击所以也称为靶),会如何运动呢?

在 1keV 下加速氩离子,速度可达每秒数千米。这些离子冲击靶,撞击的形式千差万别、复杂纷乱[参27],有与靶原子正面相撞的,也有偏离中心撞击的,还有穿过表面原子之间的间隙与内层原子撞击的。而被撞击的原子又与其他被撞击出的原子相撞,之后继续与另外的原子碰撞。撞击的深度可达数十个原子层的厚度,如果增加离子的能量,可达数百原子层的厚度。这样多重撞击的结果使接近靶表层的原子会飞向真空。

原子的飞出方向与台球类似,依据光的反射像蒸镀时微小平面源的放射性(参照 039)一样,大致遵循余弦法则。图 1 展示了该结果,虚线依据余弦法则而得,实线是汞离子撞击镍(Ni)的结果。图像大致遵循余弦法则,在汞离子入射的反方向上圆凹陷下去,溅射出的原子略微减少,其原因是与入射的离子发生撞击。

溅射产生的原子能量大,可达蒸镀时的数十倍,粒子速度的最大值也可达速度 10^4 km/h(相当于新干线速度的 30 ~ 40 倍(图 2)。这对于溅射膜的附着强度(参照 027)有很大的影响。

现在人们已经测定了多数靶材料的溅射率,因此可知基板上薄膜的生长速度(nm/min、pm/min),在确定装置、了解薄膜材料(例如铜)的生长速度之后,就可以马上计算出其他材料(铝)的生长速度(参照 044 的图 3)。

要点 CHECK!

● 放射特征大致遵循余弦法则
● 溅射产生的原子速度高,从而使膜强度提高

图1　溅射产生原子的角度方向分布^(参28)

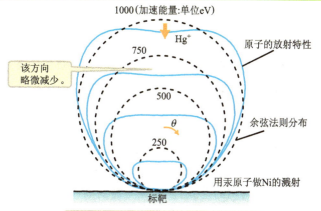

1000（加速能量:单位eV）

Hg+

原子的放射特性

750

该方向
略微减少。

500

余弦法则分布

θ

250

用汞原子做Ni的溅射

标靶

飞出原子的放射特性大致遵循余弦法则。

图2　溅射产生粒子的速度分布^(参29)

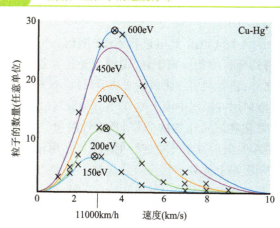

粒子的数量（任意单位）

30

Cu-Hg+

600eV

450eV

20

300eV

200eV

10

150eV

0　2　3　4　6　8　10

11000km/h　速度(km/s)

飞出原子速度的最大
值可达11000km/h,
相当于新干线速度的
30~40倍。

名词解释

带电粒子的能量 → 如图所示的格子状，在左侧的格子（电位0V）有能
量为0的正离子A+，被右侧格子（电位−V（V））的负电位所吸引向右
加速。通过右侧格子时离子的能量为V（单位eV:电子伏特）。由于速
度根据粒子质量的不同而有差别（质量大的粒子速度慢，质量小的粒子
速度快），所以用加速电压来表示。

0(V)　−V(V)

A+

　　溅射法加工薄膜是在二极放电(参照 046)的**二极溅射法**的基础上发展起来的。这之后,在更好的真空环境中,薄膜的各方面性能得到了优化。

　　各种溅射方法如表 1 所示。①是采用(036)中(a)的二极放电的溅射法。该方法利用等离子体产生的离子撞击放置于阴极的靶进行溅射,放置于阳极一侧的基板上就会形成薄膜。该方法适于利用简单的设备在大面积基板上制备均匀的薄膜,但缺点是需要高压放电以及溅射时压力(真空度)增高。

　　②是利用(036)中(c)的磁控放电进行溅射。该方法的放电电压低且溅射压力可以达到超高真空状态。我们现在所讲的溅射大多指的是**磁控溅射**。具体形状如图 1 所示。

　　③是利用(036)中的(e)的 ECR 放电进行 **ECR 溅射**。虽然该方法在低溅射压力下可以得到高密度的等离子体,但缺点是装置复杂且靶的面积受到限制。除此之外,还有利用热阴极的方法,可详见卷末的参考文献。作为溅射技术,在溅射用的氩气中混入氮气(N_2)和氧气(O_2)等反应气体,可制成靶材料的氮化物或氧化物的薄膜(**反应性溅射**)。(049)中利用氮化钽制造电阻薄膜是溅射技术开始进行批量生产实用化的开始。

　　除此之外,还有在基板加上从数十伏正电压到数百伏负电压进行溅射的**偏压溅射法**(该方法在放电前不能很好地达到真空时,可以防止由于残留水蒸气所引起的氧化)。靶上加高周波电压的方法称为**高周波溅射**。

要点
CHECK!

- 溅射在向着更好的真空环境、低电压条件方向发展
- 磁控管溅射是现代主流的方法

表1 各种溅射方式

溅射方式	溅射电流电压 氩气压强	特 点	模型图
① 二级溅射	DC1~7kV 0.15~1.5mA/cm² RF0.3~10kW 1~10W/cm² 1Pa	构造简单； 适于在大基板上 加工均一膜； 利用高周波(RF) 可溅射绝缘物质	DC1~7kV C(T) RF P 也有把C与A(s)同轴 放置的情况
② 磁控溅射	0.2~10kV (高速低温) 3~30W/cm² 10~10⁻⁶Pa	利用正交的电场与 磁场的磁控放电； Cu可达1.8μm/min； 一般使用0.1~0.01Pa。	S(A) S(A) B E B C(T) C (T)
③ ECR溅射	0~数kW 2×10⁻²Pa~	利用ECR等离子体； 可在高真空中 进行各种溅射； 也可减小损伤。	A ECR C(T) P S

C(T)：靶 S：基板 A：阳极 E：电场 P：溅射电源 B：磁场

图1 平板磁控管形电极

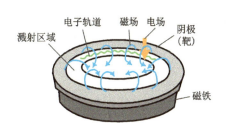

a 圆板型

溅射区域　电子轨道　磁场　电场　阴极(靶)　磁铁

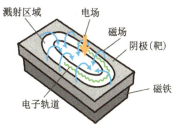

b 角板型

溅射区域　电场　磁场　阴极(靶)　磁铁　电子轨道

电子在磁场线"隧道"中运动,自持放电。

047 以低电压、定压（高真空）为目标的磁控溅射

直到 1970 年左右人们一直普遍使用二极溅射法，1973 年利用磁场成功开发出了在压力改为原来的 1/10、放电电压为原来的 1/5 条件下的溅射方法。该方法就是**磁控溅射**的起步。用溅射法制作薄膜，首先要把包括溅射电极（气化源）和基板的溅射腔体用真空泵尽可能地排气以达到较高的真空，然后加热基板，进行离子轰击等的活性化处理。这之后，在真空状态下引入氩气等气体（压力由排气和导入气体的平衡状态所决定）直至达到所定的压力（**溅射压力**，大约为 0.1Pa）。在溅射电极上加上电压可引起放电进行溅射。图 1 展示了磁控管溅射的放电情况。沿着磁场轨道，可以清晰地看到炸面圈式的放电现象。

流入靶的平均电流密度（mA/cm²）越大，溅射速度（每分钟形成的膜的厚度：μm/min）就越大。磁控法在（046）所介绍的各种方式中，可以得到最大电流密度，因此即使在低电压下也可以达到很高的溅射速度（铜可达 1μm/min 以上）。

图 2 所示为靶的消耗方式，即靶沿着图 1 所示的炸面圈状逐渐消耗。溅射最多的部位称为**侵蚀中心**。没有整体的减少意味着材料的利用率不高，在加工贵金属或昂贵材料时，要采取在背面转动磁铁的方式来提高利用率。图 3 就是一个例子，放置磁铁后，材料的 2/3 可以被利用，得到 2～3 倍的利用率。

在制造大屏幕电视所用的四方玻璃板上加工薄膜时，如图 4 所示，在转动靶背面的大型磁铁的同时进行溅射。磁控溅射可在低电压、高真空的条件下进行，已成为当今的主流技术。

要点
CHECK!

- 磁控溅射可以在低电压、高真空的条件下进行溅射
- 为了提高材料的利用率，要转动靶背面的磁铁

图1 磁控溅射放电所形成的
等离子体(0.1Pa)

美丽的磁控
溅射放电。

图2 溅射所形成的阴极的形状

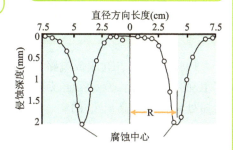

溅射位置与放电颜色
浓的位置相对应。

图3 靶表面的侵蚀

(照片由佳能ANELVA株式会社提供)

旧的形状(固定5个磁铁)

新的形状(摇动7个磁铁)

图4 大型溅射靶的例子

(照片由佳能ANELVA株式会社提供)

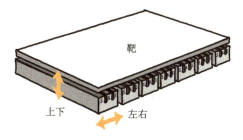

为了提高昂贵薄膜材料的利用率，使靶的消耗
均匀，需要安装上下、左右的转动靶背面的磁
铁。靶是最大可达数米的正方形。与(039)的图1
的点源比较即可知溅射是面光源。

048 支撑半导体 IC 高集成度发展的铝合金溅射

1980 年左右,IC(集成电路)的配线由经过蒸镀处理的纯铝制作。为了 IC 的高密度化,需要保证以下两点:①最小加工尺寸小于 $2.5\mu m$,并且台阶处覆盖率要高(*029* 的图 1);②为防止电迁移(EM)引起断路,要过渡到合金薄膜。具体来说,①是面光源性(从基板上的台阶来看,由于原子从各个方向飞出,所以覆盖率会更好),②是利用溅射成分变化小的优点,从蒸镀向溅射进行实用化的过渡。但是这样制成的薄膜有两个令人意外的缺点:(ⅰ)结合困难,(ⅱ)腐蚀困难。为了解决这个问题,人们考虑了很多方法。当时有这样一个共识:作为溅射"需要加入的氩气压强为0.3Pa,从而达到溅射压力,所以之前的预备排气只要达到 10^{-4}Pa 即可"。但是人们之后打破常规尝试了"排气达到 10^{-6}Pa 以下,并且采用加 2% 硅的铝可以有效克服电子迁移引起的断路"(从蒸镀的经验来看,反射率高的铝膜可以克服(ⅰ)、(ⅱ)的缺点)。这样做的结果如下所示。

图 1:氧气、氮气、水蒸气含量为溅射时气体的 0.1% 以上时,镜面反射率急剧下降。在预备排气不完全时易发生这种现象。

图 2:基板温度在 150℃ 以上时,膜的柔软度变为定值。

图 3:在该柔软度下结合不良率基本变为零。

图 4:膜的电阻率也变得稳定(150℃ 以下,则电阻率变大)。

该方法当时作为半导体领域的高集成化的支撑技术已经很充分,所以铝合金溅射法长期为人们所使用[参30]。这是利用溅射的面光源性(与蒸镀相比)与成分变化少这两个特点的很好例证。

要点 CHECK!

● 利用超高真空和基板温度在150℃ 以上的溅射法解决了优良品质的铝合金膜的问题,发挥了溅射的面光源性和组成不变性的特点

图1 氧气、氮气、水蒸气和混入率与镜面反射率的关系

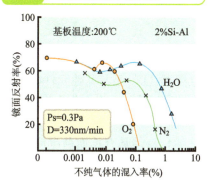

溅射气体中即使加入少量O_2、N_2、H_2O，光的反射率也会下降（D：溅射速度）。

图2 基板温度和2%Si-Al膜的微观维氏硬度的关系

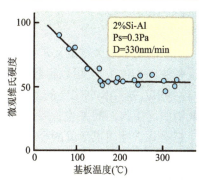

基板温度在150℃以上时，膜的柔软度变为一定。

图3 微观维氏硬度和结合不良率的关系

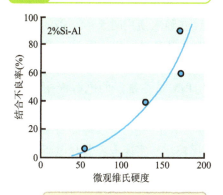

硬度在50以下时结合不良率变为零。

图4 2%Si-Al膜的固有电阻与基板温度的关系

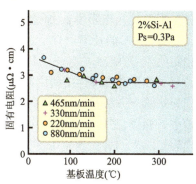

固有电阻也在基板温度为150℃以上变得稳定。

名词解释

结合 → 在晶片上制作很多的IC，然后切断分为一个一个的IC，把这些IC与外部电路框架上的接点用金线连接起来叫做结合（bonding）。熔化金线的前端，压住结合部位进行结合。

　　制作电阻膜最关键的要求有 4 点：①电阻值随时间的变化小；②电阻温度系数（TCR）小；③可以得到预期的电阻率；④易于与其他元件（如电容器）集成。这样长期稳定的薄膜由化学性质活泼的元素的化合物制成，由此钽引起了人们的关注。

　　钽是化学性质很活泼的金属，因此它的化合物具有长期稳定性。但是由于钽是高熔点金属，难于蒸发，所以很难用蒸镀法加工（当时人们首先想到的是蒸镀法）。

　　当时所尝试的即为**反应溅射法**。首先如图 1 所示，向用于溅射的惰性气体（氩气）中加入多种气体（CO、O_2、CH_4、N_2），研究所得薄膜的电阻率。其中氮化钽（TaN）即使改变气体的量，电阻率也不会发生变化，即存在适于生产的区域范围。进一步详细研究电性能的结果如图 2 所示。从图上可知，在混入氮气为 $(4 \sim 13) \times 10^{-2}\,Pa$ 的范围内，TCR（温度变化 1℃ 时的电阻变化）、电阻率 ρ、加速寿命实验（在输入使用时 5 ~ 10 倍的电功率、室温在 70℃ 的苛刻条件下进行的实验）中电阻变化 ΔR，这三个量都是稳定的。

　　进一步的结果表明，利用**阳极氧化**，TaN 可在常温的电解液中被氧化。使用这一方法使膜的一部分氧化，随着电阻膜厚度的变化可以对电阻值进行微调，把这个氧化膜作为电容器的电介质膜，可以轻而易举地制成电容器。人们意识到使用该方法可以比较容易实现电容器和电阻的集成化。从 ΔR 的变化来分析，如果在室温下正常使用，据推测 10 年后电阻变化为 ±0.05% 以内，均满足①~④的要求。

要点 CHECK!

● 氮化钽薄膜，TCR和 ρ 均比较稳定、经年变化小
● 利用阳极氧化,可以微调电阻值以及制作电容器

图1 反应性气体的压力和钽(Ta)膜电阻率的关系[参31]

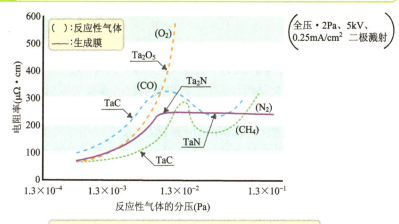

改变反应气体、从靶(Ta)到绝缘物质(O₂),可以制作电阻膜等各种各样的膜,这是反应性溅射的一个好的实例。

图2 氮化钽膜的TCR、ρ、ΔR由氮气分压引起的变化[参32]

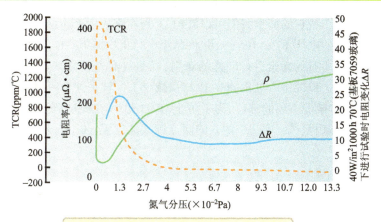

加速寿命实验的结果显示,在很大的氮气分压范围内,TCR、ρ、ΔR均稳定。

名词解释

阳极氧化 → 在如右图所示的电解液(例如草酸乙二醇的水溶液)中加入氮化钽(TaN)薄膜,加上电压之后,阳极一侧的薄膜被氧化。

050 用溅射法解决氧化物高温超导膜

本章介绍**氧化物的溅射**。在氧化物的溅射中，靶上产生负氧离子（O^-），如果用它溅射薄膜（相对于靶为高电位的部位会吸引负离子）会引起很多问题。特别是 O^-，如果同氩气一样可使化合物的各个成分在保持一致的条件下进行溅射则没什么问题，但如果可以很好地溅射钡却不能同样地溅射铜，这样选择性的对材料进行溅射会改变薄膜的成分。**高温超导膜** YBaCuO 和透明导电膜 ITO 非常重要而且均为氧化物，这样就存在很大的问题。

把作为氧化物高温超导膜材料的 $Y_1Ba_2Cu_3O_7$（组成比为钇1：钡2：铜3 的氧化物）制成膜，这种组成会出现很大偏差。图 2 是用事先将变化值估计在内的虚线所示成分的靶，研究膜组成的结果。整体来看出现了偏差，尤其在侵蚀中心偏差最大。

研究入射到侵蚀中心的带电体，发现除了电子之外也流入了 13% 的 O^-（图 3）。从它的能量我们可以看出 O^- 是在靶表面产生的（离子能量约等于靶处的电压 $V_T = -165V$），并将薄膜进行再次溅射。O^- 并不是像氩离子一样将所有的元素进行同样的溅射，而是具有选择元素进行溅射的特性。图 2 中侵蚀中心处铜减少 1/2，钡减少 1/3 就是这个原因。

在 O^- 撞击不到的部位，为了防止 O^- 的流入，在靶的表面呈直角的方向上放置基板（015 中图 1 的 c 的两点锁线的位置：off axis 法则）。

要点 CHECK!

- 氧化物溅射时需要注意成分变化
- 靶表面产生 O^- 是成分变化的原因

图1 氧化物的溅射

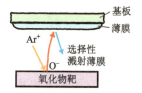

Ar⁺冲击氧化物靶,进行靶溅射的同时产生O⁻。这会对形成的薄膜进行选择性溅射。

图2 YBaCuO磁控管溅射时的成分变化[参33]

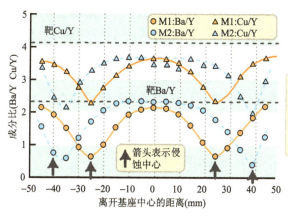

侵蚀中心的成分变化很大。移动侵蚀中心的位置,成分减少的谷底也会随之移动。实线M1和虚线M2是由于各自磁场形状不同的装置所引起。

图3 各种材料在进行直流溅射时,流入基板O⁻的能量分布[参33]

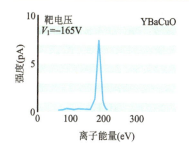

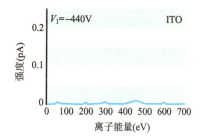

侵蚀中心的正上方大量流入O⁻电流。

透明导电膜 ITO 是氧化物的一种，如（043）所述，以前一直使用蒸镀法进行生产。然而像现在的薄型电视一样，需要在大面积基板上加工透明导电膜，因此用溅射法制备 ITO 薄膜的研究开始进行。

利用溅射法加工透明导电膜 ITO，如图 1 所示，我们可以看到侵蚀中心上方的电阻率变大，而且降低溅射时的靶电压 V_T，电阻率也随之下降。研究流入基板的电流发现如（050）图 3 的右侧所示，虽然电流小，但也存在 O^- 电流。

图 2 所示为靶电压 V_T 和电阻率的关系，从图中可以看出，降低靶电压（也就是流入 ITO 薄膜的 O^- 的能量），可以得到足够低的电阻率，在实际使用中，电阻率最低可达 $1 \times 10^{-4} \Omega \cdot cm$ 以下。

另一方面，在可见光波长区域范围（400～700nm）内，光的透过率（透明度）可达 90%，这样的薄膜足以在实际中使用（图 3）。

在溅射气体（氩气）中加入水分（H_2O），可以进一步降低电阻率。H_2O 的添加还可以稳定后续制作电路的蚀刻速度（参照第 11 章）。经过这样一系列的加工，溅射 ITO 膜得以广泛使用，成功做到大型基板的透明导电化。

在进行氧化物溅射时，要注意 O^- 的行为。除此之外我们发现金（Au）、钐（Sm）在进行溅射时也会产生阴离子。以上虽是特例，但需注意侵蚀中心上部膜的异常。

要点 CHECK!

• 利用低电压及调整基板的位置制造ITO薄膜

图1 在ITO的制备中,电阻率随侵蚀中心和电压V_T的变化(参34)

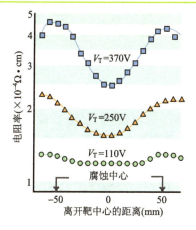

侵蚀中心上方的电阻率高。降低靶电压V_T可减少影响。

图2 电压V_T所引起的电阻率变化(参34)

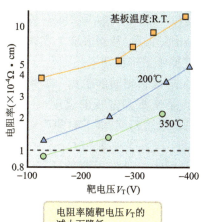

电阻率随靶电压V_T的减小而降低。

图3 ITO膜的分光透过率(参34)

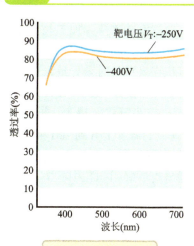

降低电压,则透过率增大。

052 薄膜加工的过渡——从平面成膜到微孔成膜

在硅晶片表面上每一个以 1.5cm 为边长的正方形区域内加工数千亿个晶体管,然后在这些晶体管上加工电容器(记忆型),或进行配线以完成各个元件的制作。以上工程中,都需要在晶体管上加工绝缘膜,并在上面开孔(蚀刻),然后在孔中埋入铜或铝进行配线。这时如果绝缘膜的厚度很薄则没什么问题,但出于膜的耐压性考虑,薄膜不能太薄。为了满足高密度化的要求,需要成倍增加孔的数目,为了保持耐压性,又要将孔变得细长,纵横比(AR:参照 *029*)增大(直径变小,AR 变大),这样就更难在孔中加入铝等材料形成配线。此外,数千亿孔的配线都需要在 10min 之内完成,否则不能实现产品化。

这就意味着薄膜加工技术要有改变(*044*),要从多少有些台阶的表面(*029*)向孔中成膜的模式进行过渡。AR 变大后,从斜方向上飞来的原子沉积在入口处时会导致入口处变窄,使原子更难被埋入。

如图 1 所示,最初采取的对策是加大基板和靶间的距离。结果如图 2 所示,底部覆盖率增强(参照 *029*)。接下来提高基板的温度(图 3 的 a),基板的温度上升到 200～400℃时,原子抵达初期,液态时间可以增长并且流动性高,有利于埋入(回流:re-flow)。进一步采取将 Cu 或 Al 原子中途电离后吸引到孔中的方法,以及在孔的入口处形成润滑层,再使 Cu 或 Cu^+ 滑入孔中(图 3 的 c)。

要点 CHECK!

- 利用埋入或充填微细孔的方式对IC进行配线
- 按照普通溅射→长距离溅射→回流这个思路进行优化

图1　长距离溅射

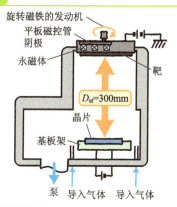

旋转磁铁的发动机
平板磁控管阴极
永磁体
靶
$D_{st}=300mm$
晶片
基板架
泵
导入气体　导入气体

加大基板和靶间的距离 D_{st} 或改善磁场都有利于溅射的低压化。如同远方的光更易进入孔的底部一样，原子也更容易进入。

图2　比较底部覆盖率[参35]

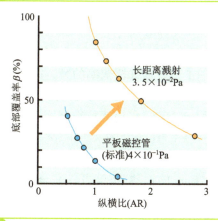

底部覆盖率 β (%)

长距离溅射
$3.5×10^{-2}Pa$

平板磁控管
(标准)$4×10^{-1}Pa$

纵横比(AR)

底部结合性提高了一个量级。

图3　埋入超微细孔的方法

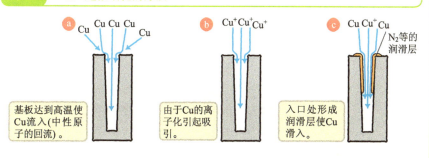

a　Cu　Cu Cu Cu　Cu

基板达到高温使Cu流入(中性原子的回流)。

b　$Cu^+Cu^+Cu^+$

由于Cu的离子化引起吸引。

c　Cu Cu^+ Cu
N₂等的润滑层

入口处形成润滑层使Cu滑入。

（*052*）中图 3 的（b）是一种离子化溅射方法,被溅射的原子在飞行途中变成正离子,再被吸引到负电位的基板上完成溅射。代表模型如图 1 所示。

（a）所示的方法类似于离子镀直流法（*040*）,被溅射的原子在高密度等离子体中进行离子化,向负电位的基板做加速直线运动,然后埋入孔中,与图 1 的（a）相似。（b）是在等离子体中放入高频波线圈,从而促使离子化进行。

图 2 的右侧的例子是利用精密镀铜（*060*）,完全充满纵横比（AR）为 5 的孔中。电镀必须在导电的前提下进行,因此在利用镀膜的方法埋入之前,需要在孔的内表面加工可导电的膜（种子层）。如图 2 所示,在大约为普通磁控管溅射的 100 倍的压力（即 14Pa）下形成高密度等离子体,利用图 1（a）的方法在孔的内部加工具有良好覆盖率的膜。同时,为了可以有效地进行高压放电,采取在基板的背面放置小磁铁的方法（PCM: Point Casp Magnet。但如果只使用 PCM 法（*063*）不能全部埋入,还要用电镀（*064*）的方法使其全部埋入）。图 3 与（*052*）的图 3（c）类似,在溅射气体的氩气中加入作为润滑气体的 1% 的氮气进行溅射。在 0.1Pa 的高真空下进行溅射,只需加工厚度为 20nm 的铜薄膜,就可以完全埋入直径为 130nm、AR=5 的孔中。虽然膜很薄,但由于有润滑层的存在,Cu 依然可以进入。所谓高真空溅射就是将磁控溅射时的磁场和电场的强度提高到 10 倍,使高真空放电成为可能（*054*）。

要点
CHECK!

- AR大的微细孔利用溅射产生的种子层+精密电镀的方法加工
- AR小的微细孔利用溅射进行埋入

图1 离子化溅射

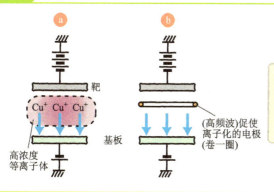

靶

Cu⁺ Cu⁺ Cu⁺

基板

高浓度
等离子体

(高频波)促使
离子化的电极
(卷一圈)

(a) 在高密度等离子体中
使溅射原子离子化
(b) 在基板—靶之间放置
促使离子化的电极,从
而使溅射原子离子化

图2 PCM溅射形成的种子层(左)和利用镀膜的埋入方法(右)

0.17
μm

0.85μm

种子层

在绝缘物SiO₂的孔中进行
镀膜时要在孔的内表面加
工一层可以导电的薄膜(种
子层)

(照片由佳能ANELVA株式会社提供)

图3 使用润滑气体加工而成的铜薄膜[参36]

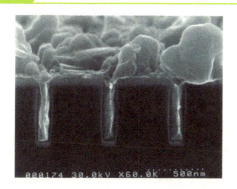

加工厚度仅为20nm的铜薄
膜,就可以完全埋入微细孔

　　氩气可以引起放电,利用氩气是溅射法中经常使用,但会出现极少量氩气进入薄膜的情况,带来一些问题(例如 *020* 的图3)。因此人们正在研究减少氩气使用量的方法[参37]。

　　在(*035*)图3 的正中间放置大型磁铁,靶表面放电空间的磁感应强度增大为原来的 10 倍,靶电压(放电电压)也增大到 10 倍(这之后发现也可以变为几倍)时,如图1 所示在 10^{-5}Pa 以下即可引起放电(称为**高真空溅射**)。当然,在更低的压力下也可放电进行溅射。溅射速度会由于压力下降而降低,所以不适于厚膜加工,而适于对晶体性和成分要求较高的慢速制膜的情况。如(*053*)图3 所示,该方法也有利于埋入超微细孔。

　　人们还在进一步研究完全不使用氩气的方法。

　　如图2 所示,一般情况下用大电流进行铜的溅射的过程中停止导入氩气,靶电压会上升,放电可以自持。这是因为在溅射过程中的铜原子被电离,铜离子又对靶进行溅射,如图3 右侧所示。由于此时没有导入氩气,所以形成了没有氩气的超高真空溅射。由于是铜自身的离子被溅射,所以也称为**自我溅射**(Self Sputter),溅射速度每分钟可达微米量级。由于没有铜原子与氩气原子撞击所引起飞行方向的偏转,所以人们期待该方法可运用于埋入微细孔的操作。由于该技术仅限用于溅射率高的金、银、铜,所以要注意溅射材料的选择。

要点
CHECK!

- 加大磁感应强度可进行高真空状态下的溅射
- 金、银、铜可进行自我溅射

図1 高真空溅射的特性

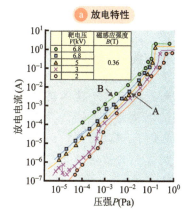

a 放电特性

b 溅射速度

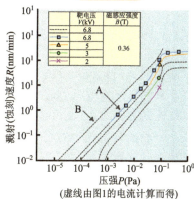

（虚线由图1的电流计算而得）

磁感应强度(磁场)变为原来的10倍,电压(V)也变为数倍时,放电电流虽然有所降低,但在10^{-5}Pa以下也可引起放电进行溅射。

図2 自我溅射的放电特性

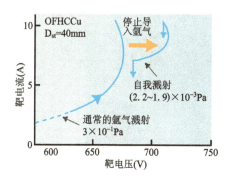

进行铜的溅射时中途停止导入氩气,靶电压上升之后即使不继续导入氩气,也可以进行放电。

図3 自我溅射

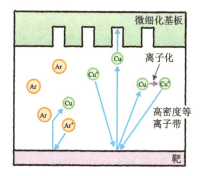

被溅射的Cu由于没有与氩原子撞击,所以以直线运动的方式进入微细孔。一部分离子化的Cu可对靶进行自我溅射(之前的方法如左侧所示,由于氩原子Ar导致飞行方向发生偏转)。

COLUMN

神奇的过程——从气体到薄膜

在蒸镀法制膜和溅射法制膜中,我们都是先用与所需薄膜相同的材料制备成具有一定形状的固体(线状、棒状、块状或板状等),再将此固体气化或是用离子撞击,使固体分解为原子或分子,随之成膜。然而气相沉积法是一种直接用气体制膜的方法。当然,我们必须使用含有膜中元素的气体进行制膜。此时可以选择易气化的化合物(也叫源气体,氢化物及卤化物较多),在适宜的高温下引至基板表面,使其发生反应而得到薄膜。例如通过 $SiH_4 + O_2 \rightarrow SiO_2 + H_2$ 反应可制取二氧化硅膜。

通过这种方法在高温下制取的薄膜具有很高的品质,但是人们却很难在不具有耐热性的基板(如塑料等)上制膜。同时,由于只要具有高温表面及源气体就可以制膜,在形状复杂的基板、齿轮、或是(029)中所述的深孔中都可以顺利地制膜(即称环绕性高)。只要材料选择恰当,在切削工具、刀具、轮轴上都可以获得耐磨性高的薄膜。当然,人们也可以制备具有优良电学性能的薄膜。

有了气相沉积法,复杂的形状上也可以制膜了!

用气相沉积法,就算是复杂的形状上也可以成功制膜了。

第 9 章

由气体制作薄膜的
气相沉积法

气相沉积法，是指利用表面化学反应制备高性能薄膜的方法。
只要能找到含有所需薄膜成分的气体或液体，
就可以制作这种成分的单质膜（如单质Si），化合物膜（如SiO_2、SiN4）等。
表面反应使小孔内部薄膜的制备成为可能。
通过高温反应，我们得到的薄膜具有很高的品质。

055 气体向固体的转变：薄膜的气相沉积

如图1所示，从含有构成薄膜的元素，例如硅（Si）的化合物硅烷（SiH_4）的气体中获得硅原子进而生成硅薄膜（固态）。这就是化学**气相沉积法（CVD）**。

这其中有热分解、还原、氧化、置换等反应过程。

硅薄膜（热分解） $\qquad SiH_4 \xrightarrow{700 \sim 1000℃} Si + 2H_2$

硅薄膜（还原） $\qquad SiCl_4 + 2H_2 \xrightarrow{约 1200℃} Si + 4HCl$

二氧化硅薄膜（氧化） $\quad SiH_4 + O_2 \xrightarrow{约 400℃} SiO_2 + 2H_2$

铬薄膜（置换） $\qquad CrCl_2 + Fe \xrightarrow{约 1000℃} Cr + FeCl_2$

这些反应过程是：①反应气体向基板表面的扩散；②反应气体在基板表面的吸附；③基板表面的化学反应；④副产物气体脱离表面、扩散挥发（排气）。按照以上的反应进行，即可以在基板表面制得薄膜。由于气相沉积法是利用高温反应制得优质薄膜的方法，而且反应在表面进行，所以覆盖率（Coverage）很好，但这种方法不适用于耐热性差的基板。

反应装置如图2所示。装置的核心是**反应炉**，人们对于很多制备方法进行了研究（参照 *056*）。有通过加热获得反应的活化能（ε）的"**热CVD**"法（也有很多仅称为 CVD 的情况）。按照反应炉的压力进行分类，可以分为"**常压 CVD**"（NP-CVD）和"**低压 CVD**"（LP-CVD）。最初从常压 CVD 法发展起来，后来考虑到膜的厚度和电阻的分布，以及为了改善效率诞生了低压 CVD 法。进而为了制膜过程的低温化又产生了"**等离子体 CVD 法**"。图3 展示了气相沉积法制得薄膜的实例，它们的用途广泛。由于等离子体撞击比较激烈，为了避免基材的上晶体管破损，"**光CVD 法**"就诞生了。

要点
CHECK!

- 在基板表面进行化学反应制作薄膜
- 由于在高温下制得薄膜，所以可以得到优质且覆盖率好的膜

图1 化学气相沉积法（CVD）的概念

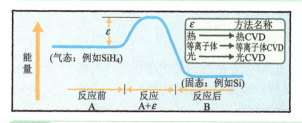

ε	方法名称
热	→ 热CVD
等离子体	→ 等离子体CVD
光	→ 光CVD

能量

(气态：例如SiH_4)

(固态：例如Si)

反应前 A ｜ 反应 A+ε ｜ 反应后 B

CVD法中气态的气体材料（A）获得活化能（ε）从而进行反应，在固体薄膜（B）的表面上析出。为了完成反应需要与活化能相当的能量。

图2 CVD装置的一般构成图

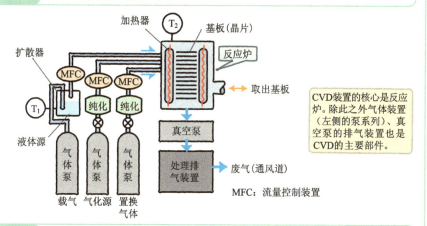

加热器 T_2　基板(晶片)

反应炉

扩散器

MFC　MFC　MFC

T_1　纯化　纯化

液体源

取出基板

真空泵

处理排气装置　→ 废气(通风道)

气体泵　气体泵　气体泵

载气　气化源　置换气体

MFC：流量控制装置

CVD装置的核心是反应炉。除此之外气体装置（左侧的泵系列）、真空泵的排气装置也是CVD的主要部件。

图3 用CVD法制得薄膜的实例

种类	薄膜	气化源	气化温度T_2(℃)	反应温度T_1(℃)	载气
单质金属	Cu	$CuCl_3$	500~700	550~1000	H_2或Ar
	Al	$AlCl_3$	125~135	800~1000	〃
		$Al(CH_2\text{-}CH)$	38~	93~100	Ar或He
合金	Ta-Nb	$TaCl_5+NbCl_5$	250~	1300~1700	〃
	Ti-Ta	$TiCl_4+TaCl$	250~	1300~1400	〃
碳化物	ZrC	$ZrC_4+C_6H_6$	250~300	1200~1300	〃
	WC	$WCl_6+C_6H_5CH_3$	160~	1000~1500	〃
氮化物	TiN	$TiCl_4$	20~80	1100~1200	N_2+H_2
	Si_3N_4	SiH_4+4NH_3	—	~900	〃
硼化物	TaB	$TaCl_5+BBr_3$	20~190	1300~1700	H_2
	WB	WCl_6+BBr_3	20~350	1400~1600	〃
硅化物	MoSi	$MoCl_5+SiCl_4$	−50~130	1000~1800	〃
	TiSi	$TiCl_4+SiCl_4$	−50~20	800~1200	〃
氧化物	SiO_2	SiH_4+O_2	—	~400	〃
	Ta_2O_5	$Ta(OC_2H_5)_5$	—	—	〃

CVD法可以制得很多薄膜。碳化物、氮化物、硼化物可以作为耐磨材料，氮化物还可作为装饰材料，其他薄膜大多用于与电相关的元件。

有许多硬度较高的物质,如果把这些物质涂覆在工具表面,工具的寿命可以延长,然而这些物质熔点高难以蒸镀,也很难加工成板状,但研究发现这些物质有液态的化合物存在。

在工具上使用的 WC 和 WCl_6(液体)就是一个例子,这种情况适合利用气相沉积法(参照 *055* 的 图3 中碳化物一栏),气相沉积法就是在这样的情况下发展起来的。对于半导体的相关人士来讲,这种方法具有以下优点:①表面反应:覆盖性好,能够到达深孔(*029* 的图2照片);②高温加工:可以加工更好的膜;③生成速度快;④可以利用多数气体:可以制作多成分的膜等优点,运用于很多领域。但由于在反应时有其他气体存在于薄膜的附近,所以 CVD 法不适用于纯度要求很高的情况,此外,不能耐高温的基板也不适合使用 CVD 法。

热 CVD 的核心是**反应炉**。主要的类型如 图1 所示。等离子体 CVD 法和光 CVD 法需要同样的条件。重要的是以下四点:①可同时投入大量的基板;②加热到均等的温度;③气化源均等的分布;④反应后的气化源可以直接排除。图1 的(a)是将容器横放、基板竖放。(b)是容器竖放、基板横放,是主流装置。(c)是将基板呈放射状放置,(d)是大的基板只放一片,(e)是利用传送带。

图2 是**等离子体 CVD** 装置。在基板的正面利用(a)二极放电,(b)无电极放电形成等离子体。例如氮化硅,可以将反应温度从热 CVD 的 750℃降低到 250℃。这是将电子元件大量集成、最后制作保护膜时非常有效的装置。

要点
CHECK!

- 对于反应炉,重要的是容纳大量基板、均一加热和气化源的进出
- 为了低温化,使用等离子体或光

图1 热CVD反应炉的形式

形式	a	b	c	d	e
分类	横形	竖形	放射形	叶形	连续形
加热方式	IR(红外线)电阻加热	IR(红外线)电阻加热	电灯	电阻加热 IR(电灯)	电阻加热 IR(电灯)
应用	氧化物Si_3N_4 多晶Si	低温氧化膜 多晶Si(RF) Si_3N_4膜	外延附生	低温氧化膜 Si_3N_4金属(W) 外延附生	低温氧化膜
概念图	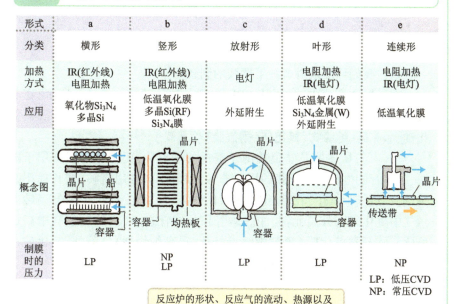				
制膜时的压力	LP	NP LP	LP	LP	NP

LP：低压CVD
NP：常压CVD

反应炉的形状、反应气的流动、热源以及放置的方式等许多因素都需要考虑和研究。

图2 等离子体CVD的基本构成

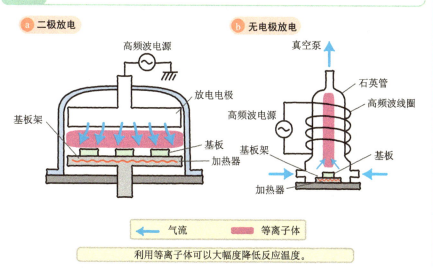

a 二极放电   b 无电极放电

气流   等离子体

利用等离子体可以大幅度降低反应温度。

现在我们详细地讲解一下薄膜的制备。

在半导体产业中,常用热 CVD 法制备**硅系薄膜**。如图 1 所示,在基板表面使硅烷 SiH_4 或二氯硅烷 SiH_2Cl_2 反应,可制作单晶硅、多晶硅、氧化硅、非晶硅、绝缘物、氮化硅(耐湿膜)等薄膜。

如(023)所述单晶硅膜常用于基板的平整化,而多晶硅膜常用于配线、晶体管的电极。氧化膜的用途非常多样:①刻蚀用掩膜(成长速率是关键:水蒸气中氧化);②稳定晶体管的性能(膜的绝缘性是关键:高纯度氧气中氧化);③分离元件,如晶体管和晶体管之间(高纯度氧气中高压氧化);④超薄氧化膜(氧气中缓慢氧化,提高绝缘性)。另外,氮化硅在掩膜的制备中也有重要的应用。

薄膜制备中利用等离子技术使制膜过程低温化是非常重要的。(056)中的最终耐湿膜制作的低温化同样也很重要。再者,如(031)所述,首先制备大面积的非晶膜,再将非晶膜多晶化的方法也采用**等离子体CVD 法**。超薄液晶电视利用的是非晶硅薄膜制成的晶体管。利用激光使非晶体多晶化时,需要含氢量低的薄膜(可参照 058)。然而使用一般方法制成的薄膜通常含氢量都较高,因此还需要进一步研究以降低氢含量,满足实际应用的要求。

随着 IC 的高密度化,电容器的体积也逐渐缩小。**HSG 膜**就是利用凹凸来增加表面积制作而成的(图 2)。把涂覆有非晶膜的硅基板暴露在乙硅烷 Si_2H_6 中,短时间内基板上就会开始形成晶核(a 上)。之后进行相应热处理,晶核继续生长,便制成了表面凹凸不平的半球状薄膜,其表面积很大,经过氧化、涂覆电极膜后便得到电容。

要点
CHECK!

- CVD在硅系薄膜的批量生产中的应用
- 等离子技术带来的低温化

图1 CVD法制作硅系薄膜

薄膜	热CVD法				等离子CVD法		
	单晶	多晶 (Poly-Si)	氧化硅(SiO, 低温SiO₂)	氮化硅 (SiN)	氮化硅 (SiN)	氧化硅 (SiO)	非晶硅 (α-Si)
反应气体 (源气体)	SiH₄	SiH₄	SiH₄ O₂	SiH₂Cl₂ NH₃	SiH₄ NH₃	SiH₄ N₂O	SiH₄
反应温度(℃)	1250	600	380	750	200~300	300~400	200~300
反应压力(Pa)	100~500	100	170	100	27	133	100
生长速度 (nm/min)	1000~4000	8	10	4	30	50~300	50~200

CVD法——硅系薄膜制作的主要方法

图2 HSG膜的制备、生长、电器元件中的应用

(日本电气株式会社提供)

a 晶核的成长

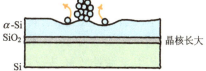

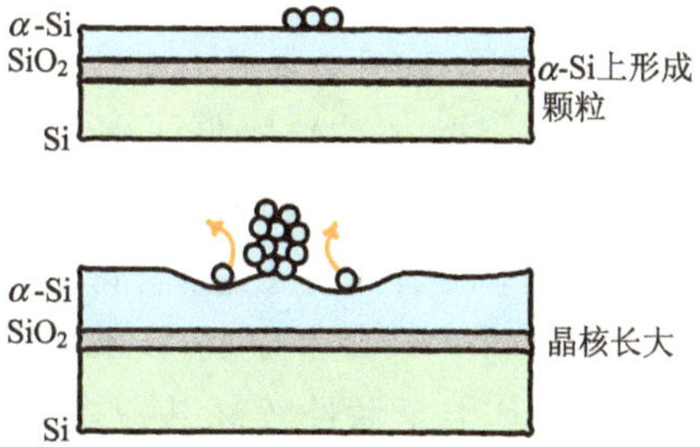

α-Si上形成颗粒

晶核长大

b 电器元件中的应用

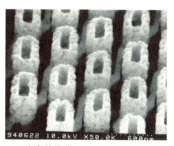

HSG电容绝缘膜

通过制作凹凸的薄膜,氧化表面得到电容器

名词解释

HSG膜——Hemispherical grained Si膜（半球状硅膜）的简称。

　　随着地上波电视信号的数字化,具有高清晰度(俗称高清)、对角线1m级的液晶电视也逐渐在一般家庭中普及开来。这种新型电视,与过去的模拟型电视相比,像素大幅度增加,因而画质相应提高。为此,对晶体管的需求量也大大增加。现在问题的关键在于如何缩小晶体管的体积,如提高安装密度,以及晶体管硅膜的高性能化。

　　理想的情况是使用单晶硅膜。然而在当前的技术条件下,大面积的单晶薄膜都还无法得到,制备大的晶片就更是难上加难了。当前,大面积使用的晶体管通常都采用非晶硅膜(α-Si)。但是,当人们开始希望在缩小晶体管体积的同时获得更高的性能时,非晶硅膜就受到了很多限制。为了解决这一问题,学者们尝试了多晶薄膜,然而事实证明这一尝试并非易事。人们最终采用的是用激光照射传统的**非晶硅膜**,使其多晶化的方法(参照 *031*)。

　　现在,如图 1 所示,通过高温等离子 CVD 法,成功地降低了氢的含量。另外,使用钨丝分解硅烷的方法,在300℃左右的低温下也可以获得含氢量3%以下的非晶硅膜(图 2)。CVD 技术的研究对于超薄、高信赖度氧化膜的制备起着重要作用,因而它大大促进着超高密度 IC 技术的发展。如图 3 所示,在等离子室中分解硅烷,将其引至活性较高基板表面,制备得到的超薄氧化膜具备漏电少、信赖度高等特点(图 4)。

要点
CHECK!

● 超薄电视所用的高性能晶体管通常采用含氢量低的非晶硅薄膜
　通过激光照射获得多晶薄膜

图1 加热基板→氢含量降低

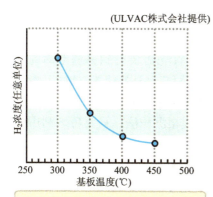

(ULVAC株式会社提供)

纵轴：H₂浓度(任意单位)
横轴：基板温度(℃)

基板加热到400℃以上可使氢含量大大降低。

图2 Cad-CVD装置例 (参38)

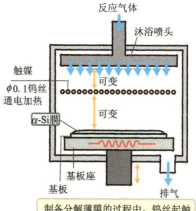

反应气体
沐浴喷头
触媒
φ0.1钨丝
通电加热
可变
可变
α-Si膜
基板座
基板
排气

制备分解薄膜的过程中，钨丝起触媒作用。氢含量低。

图3 RS-CVD装置例

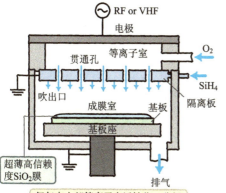

(佳能ANELVA株式会社提供)

RF or VHF
电极
贯通孔
等离子室
O₂
吹出口
SiH₄
成膜室
基板
隔离板
基板座
超薄高信赖度SiO₂膜
排气

氧气在上部等离子室活性化，分解引至基板表面，制备膜。漏电少，品质好。

图4 RS-CVD法制取SiO₂膜

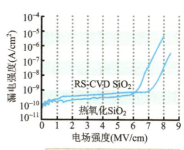

纵轴：漏电强度(A/cm²)
横轴：电场强度(MV/cm)

RS-CVD SiO₂
热氧化SiO₂

RS-CVD法可制得热氧化SiO₂膜(绝缘膜的理想体)同等性能以上的绝缘膜。

名词解释

Cat-CVD — Cat为Catalytic(触媒)的缩略语。钨丝发生触媒反应。欧美国家也写作Hot-wire CVD。

RS-CVD — 活性种浴中的CVD法。

为了实现电容器的高密度化、小型化,首先需要得到**高诱电率的薄膜**。另一方面,高速传送信号的配线总长度可以到达数千米,此时又希望配线间静电容量尽可能小,这样就需要**低诱电率的薄膜**。为了实现这两个相反的目标,人们正致力于研究薄膜的气相沉积法。只要巧妙利用各种气体,便可以合成各种各样的材料。

电容 C、电极面积 S、绝缘膜厚度 t、诱电率 ε_s、真空诱电率 ε_0 之间有如下关系: $C = \varepsilon_s \bullet \varepsilon_0 S / t$。此式中,膜厚过小则会难以维持绝缘膜的耐压性。为了实现高集成化,电极的面积也必须减小,因此只有设法提高诱电率 ε_s。

图 1 列出了常用材料的诱电率。从 SiO_2 到 SiN,现在已进入了 Ta_2O_5($\varepsilon_s \approx 24$)的时代,到目前为止利用的都还是常规的化学反应。

今后将起到重要作用的 BST、PLZT(两者名称都来自化合物的元素符号)都是高电容率的材料。对体材料来说,成分和结晶性都很重要,然而合成这些材料都很困难。

通常为了传递信号,我们都希望配线使用电阻 R、电容 C 较小的材料。ε_s 的可以达到的最小值即为真空时的电容率 $\varepsilon_s = 1$。悬空的配线之间若不含填充物,则电容率可以接近这一数值,然而我们又需要一定的填充物提供微弱的外力。因此目前的目标便是尽可能地实现 $\varepsilon_s = 1$。图 2 表示制备低诱电率薄膜技术的概要。人们正在利用无机材料、有机材料以及其他的多孔材料广泛研究这一技术,因为"攻克了材料关就等于攻克了技术关"。

- 维持耐压性→必须保持一定的膜厚。高密度化→电极面积小
- 电容器 ε_s 大, 配线 ε_s 小

图1 利用CVD法高诱电率薄膜的生长

薄膜	源物质	反应温度 基板温度(℃)	基板材料	诱电率
SiO$_2$ 硅的氧化物	SiH$_4$(硅烷)+O$_2$ SiCl$_4$	≈400 600～1000	Si	4
SiN 硅的氮化物	SiH$_2$Cl$_2$(二氯硅烷) NH$_4$	600～800	Si	8
Ta$_2$O$_5$ 氧化钽	Ta(OC$_2$H$_5$)$_5$+O$_2$ 乙醇钽	400～500	SiO$_2$	20～28
BST (BaSr)TiO$_3$	Ba(DPM)$_2$ (bis dipivaloylmethanats) Sr(DPM)$_2$ (bis (DPM)strontium) TiO(DPM)$_2$ (titanyl bis (DPM))、O$_2$ 有机溶剂：THF(tetrahydrofuran：C$_4$H$_8$O)	420	Pt/SiO$_2$/Si	150～200

电容器的小型化需要高诱电率的薄膜。

图2 低电容率材料与SiN、SiO$_2$

分类	名称	结构式	诱电率	耐热性	形成法
传统绝缘物	硅的氧化物 SiO$_2$		3.5～4.4	～1200℃	CVD
	硅的氮化物 SiN		>7.8	～1200℃	CVD
Low-k 硅氧烷系 (SiO系)	含氟SiO$_2$ (SiOF)	$\left[\begin{smallmatrix} F & O \\ -Si-O-Si-O- \\ O & O \end{smallmatrix}\right]_n$	>3.5	>750℃	CVD
	SiOC (MSQ、MHSQ)	$\left[\begin{smallmatrix} CH_3 & O \\ -Si-O-Si-O- \\ O & O \end{smallmatrix}\right]_n$	2.3～2.4	700℃	CVD

为了得到配线与配线间尽可能小的静电容量,需要低诱电率的薄膜。

名词解释

信号延迟→信号通过R_1，给电容C_1充电，通过R_1，给C_2充电……依次传递下去，$C \times R$延迟明显。

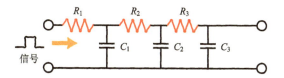

在硅系薄膜开发的同时,为了解决**电位移**(EM,参照 *032*)的问题,人们同样把目光集中在了铜和铜系的配线研究上。基于同样的原因,非化合物的金属的气相沉积法也在研究中。

图1简要说明了金属系的种类和气体源。

如(*029*)图2所示的那样,**钨薄膜**多用于连接配线和配线间的电线插头。制备方法有两种:其一,薄膜只在硅的上表面生长,即薄膜选择性生长;其二,薄膜生长与基板材料无关,而是像毛毯覆盖那样,均匀生长。目前,具有实际应用价值的是生长速度比较大的均匀生长法。薄膜生长之后,不需要的部分可以用蚀刻法去除。

铝薄膜可以用氯化物制备(参照 *055*),此外还有一种方法,就是加热铝的有机化合物,在导入过程中使之活化来制备薄膜。虽然在硅基板上取向生长的单晶铝薄膜抗电位移的性能显著,但还是达不到在绝缘体基板上单晶化的优良性能。

铜的气相沉积薄膜与多晶体的铝薄膜相比,电阻率和抗电位移性都很显著。利用铜(hfac)tmvs那样的有机物源气体,在 $150 \sim 300℃$,$13 \sim 650Pa$ 的条件下热分解可以制备铜的气相沉积薄膜。目前,人们正在研究如何提高基板表面的气体源流速,也有像(b)所示的那样完全填充的情况(如图2的a所示)。

图1中的**阻挡层金属**是因为铝及铜会在硅和硅的氧化物中扩散,为了防止扩散导致性能下降,在两者之间的接触面上设置的很薄的防扩散薄膜。钛、钽的氮化物经常被作为这种薄膜的原料。

要点 CHECK!

- 目前,人们正对金属气相沉积法配线进行研究
- 铜薄膜电阻低、抗电位移性能良好

图1 金属与导体的CVD

用途	薄膜	气化源	反应温度（℃）	反应压力（Pa）
配线	W	WF_6	200～300(选择性成长) 300～500(均匀生长)	0.1～100
	Al	$(i\text{-}C_4H_9)_3$、$Al(CH_3)_2AlH$	250～300	10～300
	Cu	$Cu(hfac)tmvs$、$Cu(hfac)_2$	100～300	10～400
阻挡层金属	TiN	$TiCl_4+NH_3$、$Ti(N(CH_3)_2)_4+NH_3$	400～700	10～100

目前人们正在进行与用途相适应的金属、导体薄膜的研究。
TiN虽然不是金属，但因其具有导电性，从用途上把它看做金属。

图2 Cu-CVD装置的最新方式(参38)

a 圆号形气体引导Cu-CVD装置。
其作用为提高气体流速，并使其均匀化。

b 直径为0.22、动态比为7的孔完全填充的断面。
条件：180℃，210Pa，30nm/min。
（白色：SiO_2，黑色Cu，灰色：Si）

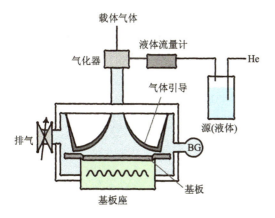

0.2μm

在表面改性中,虽然基板表面的物质转变成了别的物质(氧化物、氮化物),但由于形成的是坚固的薄膜,所以不需要担心薄膜会剥落。

氧化物薄膜的制备装置如(*056*)中图1的 a 中所示的 CVD 装置一样,这种装置可以容纳很多的基板,反应室可以横向摆放,也可以纵向摆放。从气体的流向、温度的分布,以及抑制废物产生的角度来看,反应室纵向摆放的装置是当今的主流。

图1所示的就是这种装置使用的气体发生装置。基板用加热管加热,在(a)是使高纯度的去离子水蒸发,水蒸气通过加热的基板表面,将其氧化。如果是硅基板,就可以制备二氧化硅薄膜。这是高速氧化的方式,(b)是在上述基础上加氧气氧化的方式,(c)是只用气体氧化的方式。缓慢输送氧气可以使基板缓慢氧化,如果想得到高品质的氧化薄膜(很薄、漏点少),就需要采用(b)和(c)的方式。

图2对表面改性法做了总结。如果需要高速氧化,就采用水蒸气系统的方式。如果对电气性能比较重视,在氧化或氮化时宜采用干式方法(不加水蒸气)。利用等离子体,反应温度可以下降到 100 ~ 300 ℃(参照 *056* 中的图2)。

这样制备的氧化膜、氮化膜,不仅不会剥落,而且还显示出电气和机械性能上的优越特性。在电气领域,氧化膜、氮化膜经常用作绝缘薄膜和加工过程所需的薄膜。现在,人们正在研究只有几个分子厚度(1nm)的极薄氧化膜,这种氧化膜具有很好的耐压性和绝缘性。

在机械领域,例如,将齿轮那样的零件表面氮化,使其硬化并延长寿命的研究已经取得了成功。

要点 CHECK!

- 表面改性是指通过改变表面物质的化学性质而形成薄膜
- 氧化薄膜、氮化薄膜的表面硬化性能、耐磨性能都很优越

图1 热氧化装置的气体路线

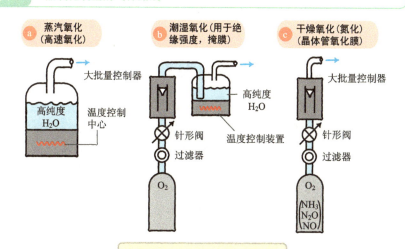

在热氧化中，人们正在进行有特点的气体线路的研究。

图2 氧化氮化的表面处理

		方法	反应条件	备注
氧化膜	热氧化	蒸汽氧化*	100% H_2O、H_2O/Ar、1000℃	氧化速度大
		潮湿氧化*	H_2O/O_2、1000℃	绝缘强度优越
		干燥氧化	O_2、1000℃	添加Pb增速，添加→MOS安定
		高压氧化	H_2/O_2或者O_2	气压10~20。适用于厚薄膜
		稀释氧气氧化	像O_2+N_2这样稀释O_2	用于极薄的氧化膜
		氢气氧气燃烧	$H_2+O_2 \rightarrow H_2O$	—
	其他	离子氧化	氧等离子体	利用离子。低温化可能(600℃)
		游离氧化	O、O_2自由基	具有原子水平的平整度
氧氮化膜(热)		氧化——氮化	氧化——氮化	如果在5nm以下，可以有效提高
		氮化——氧化	氮化——氧化	氧化膜的可信赖性
氮化膜		干燥氮化	N_2或NH_3、KCH或NaCN	中碳低合金钢(氮化钢)
		离子氮化	N_2、NH_3/载体气体	用钢做阴极基板

*：湿法。除此以外其他均为干法。

对器件来讲非常重要的性质，即不会剥落的薄膜是这样制作成的。

COLUMN

从水（液体）中提取薄膜（固体）

　　湿气重的地方，铜、铁会生锈，铁锈是茶色的，铜锈为青绿色。因为金属生锈难以处理，所以为了防止金属生锈，通常把金属放在干燥的地方。

　　在使用溅射法制备 IC 行业用的铝薄膜时，要考虑到尽量除去水分，薄膜才能在高真空环境中制备成功。在听到"IBM 在 IC 配线上使用铜"这个消息的时候我很惊讶，因为要在真空环境中获得水中制备的带孔的薄膜，对技术有很高的要求。这是因为存在一个令使用真空技术的人们震惊的亥姆霍兹二重层。

　　此外，"镀"是日语（此处指日文的"めっき"），不是外来语。古代的时候写作"镀金"，是一种用于给佛像涂上美丽金色的技术。当时的人们使用金汞合金（金和水银的合金：由希腊语 malagma（柔软的物质）得来），将佛像的表面涂覆。在那之后，就有了"镀金"的写法。

镀金是一种既古老又崭新的薄膜技术。

第 10 章

在液体中制作镀膜

由于亥姆霍兹二重层的存在，
在液体中制备薄膜与在真空中制备薄膜大体相同。
薄膜的生长与CVD一样，都通过表面反应进行，
由于对添加剂（促进平滑化的水平剂）和镀膜法的研究不断深入，
磁性膜、用铜填充等用途正在不断扩大。

　　铁制品表面的光芒本来就很微弱,但电镀之后,它就会发出耀眼的光芒。就像我们熟悉的大金杯和银杯,放出让人目不暇接的美丽光环,它们都是在电解液液体中制作的。在 IBM 用电镀铜 IC 配线之前,没人会想到在真空中制作高质量的薄膜可以通过电镀的方法获得。在 IBM 发表这项技术时,对于当时使人感到困惑的微孔填充可以达到良好的效果,这确实很令人惊讶。

　　镀膜技术的大致种类如图 1 所示。蒸镀、溅射是干式镀膜法,**电镀法**是利用电解液镀膜。图 2 所示的是镀铜的原理。镀铜是采用含铜化合物,如硫酸铜作电解液来镀膜的,与气相沉积法类似。在镀膜液中加入添加剂和平滑剂是很重要的技术要点。铜的正离子会在电流的作用下流向负极,在那里形成镀膜。

　　化学镀膜不需要电解液,在银镜反应中生成银镜就是一个例子。将洗净的玻璃板放入化学镀膜溶液中,溶液为硝酸银的氨水溶液(含有银离子),同时加入福尔马林、葡萄糖之类的还原剂。在玻璃表面发生氧化反应,并产生银的薄膜。化学镀膜也可以应用在绝缘体上。从 1946 年到现在,这种方法已经广泛应用于磁盘、磁头以及塑料制品等领域。**熔融镀膜**是像镀锡铁皮,镀锌薄板那样,在高温条件下,用铁板通过熔融的锡或者锌从而形成镀膜的。

　　在这其中,因为**电镀功能膜**(精密镀膜)非常重要,我们将在(064)中进行详细说明。

要点
CHECK!

- 电镀膜需要利用含有薄膜材料的电解液
- 镜子利用的是不需要电解液的化学镀膜法,此方法不需要通电

图1 镀膜的种类

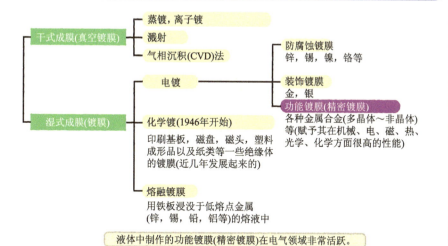

- 干式成膜(真空镀膜)
  - 蒸镀，离子镀
  - 溅射
  - 气相沉积(CVD)法
- 湿式成膜(镀膜)
  - 电镀
    - 防腐蚀镀膜
      锌，锡，镍，铬等
    - 装饰镀膜
      金，银
    - 功能镀膜(精密镀膜)
      各种金属合金(多晶体~非晶体)
      等(赋予其在机械、电、磁、热、
      光学、化学方面很高的性能)
  - 化学镀(1946年开始)
    印刷基板，磁盘，磁头，塑料
    成形品以及纸类等一些绝缘体
    的镀膜(近几年发展起来的)
  - 熔融镀膜
    用铁板浸没于低熔点金属
    (锌，锡，铅，铝等)的熔液中

液体中制作的功能镀膜(精密镀膜)在电气领域非常活跃。

图2 镀铜的原理

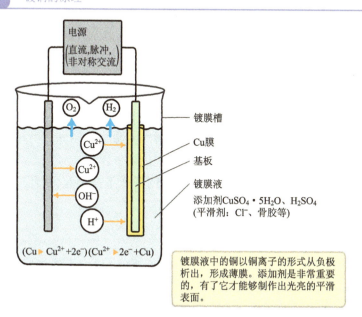

电源
(直流,脉冲,
非对称交流)

O_2 H_2

Cu^{2+}
Cu^{2+}
OH^-
H^+

镀膜槽

Cu膜

基板

镀膜液
添加剂$CuSO_4 \cdot 5H_2O$、H_2SO_4
(平滑剂: Cl^-、骨胶等)

$(Cu \blacktriangleright Cu^{2+} + 2e^-)(Cu^{2+} \blacktriangleright 2e^- + Cu)$

镀膜液中的铜以铜离子的形式从负极
析出，形成薄膜。添加剂是非常重要
的，有了它才能够制作出光亮的平滑
表面。

　　镀膜中重要的亥姆霍兹二重层到底是什么？到底发生了什么变化？究竟如何形成薄膜？让我们一起来看看吧。

　　图 1 所示的是镀铜薄膜在生长时表面的放大图。镀膜液体中,铜离子与水分子聚集在一起(被称作是水合离子)。这些水合离子由于扩散、电泳、对流、搅拌以及电场的原因,向负电位的阴极移动。在达到宽度为 $0.2 \sim 0.3\text{nm}$ 这样原子尺度的亥姆霍兹二重层时,受强电场作用,使其大幅度加速。由于速度过快,水分子将被甩掉,铜离子变成单独的离子,这样速度将会更快。在靠近负极时,从负极获得的电荷变成中性,进入镀膜面。在负极表面,氢离子也做同样的运动,在负极附近变成氢气。

　　另一方面,OH^- 和 SO_4^{2-} 之类的氧化性离子在反方向上被加速。就在镀膜面前面的亥姆霍兹二重层上,氧化性离子被排斥,还原性离子被聚集在一起。虽然很狭窄,但是形成了具有很强还原性的空间。这种排斥和聚集是由 10^9V/m(1m 的空间上加有 10 亿 V 电压)的强电场所控制的。铜膜在水中生长的时候,由于局部处在强还原性的气体条件下,所以就能产生那种有着金属光泽的耀眼光芒。

　　下面,我们一起看看薄膜的生长。图 2 所示,是在铁板上镀金膜的生长程的生长阶段。镀膜时间分别是(a)1s,(b)4s,(c)7s,(d)30s。形核生长的形状表明小核汇聚成岛状,然后相互连接起来,与(016)中的形核生长方式完全相同。

　　如果将液体中形成的薄膜与湿度和铜锈联系在一起,我们就会很自然地想到,它是不能在电子零件中应用的。

要点
CHECK!

● 在镀膜面之前的亥姆霍兹二重层具有很强的还原性
● 薄膜的生长与真空中的形核生长很类似

| 图1 | 电镀膜的析出, 阴极附近的情形 |

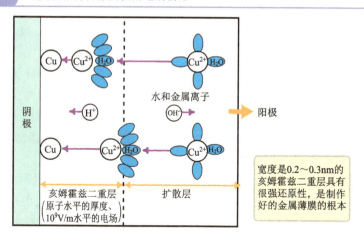

阴极

Cu ← Cu²⁺ H₂O ← Cu²⁺ H₂O

H⁺ →

水和金属离子

OH⁻ →

→ 阳极

Cu ← Cu²⁺ H₂O ← Cu²⁺ H₂O

亥姆霍兹二重层
(原子水平的厚度、
10⁹V/m水平的电场)

扩散层

宽度是0.2～0.3nm的
亥姆霍兹二重层具有
很强还原性, 是制作
好的金属薄膜的根本

| 图2 | 镀膜的形核生长(参40) |

(照片由首都大学东京提供)

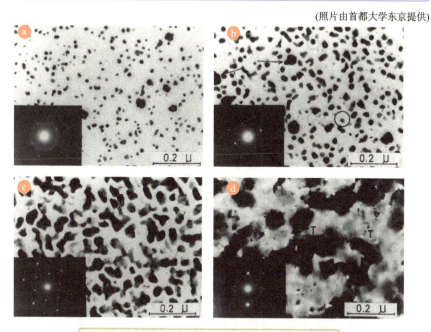

核→岛→连续薄膜的膜生长与(016)的形核生长(真空中)一样

　　对于那些一直认为薄膜只能在真空中生长的人来说，IBM 发布的这一技术确实很让人震惊。但是事实上，当时与电气相关的很多领域都已经应用了镀膜技术。可以说，镀膜在 IC 方面的应用是很自然的。印刷板用的铜膜，磁盘和磁头等元件中已经应用，再加上超 LSI 用的镀膜总称为精密镀膜。下面就对精密镀膜的方法进行说明。

　　图1 所示的就是模框镀膜法。如果直接制作三角形的配线，由于电流集中，会在角落形成多余的部分（如图1 中 a 的箭头所示），但这不仅仅是尺寸的改变，对于磁性体合金，其成分也会发生变化。对此，如果事先用光刻胶（参照 065）制成模框后再制备薄膜的话，尺寸、成分都不会发生改变。处理后将这个框架去除即可。

　　坡莫合金是磁力线较容易通过的高导磁铁镍合金。这种材料最关键是成分比。图2 所示的方法就是用一种叫做短桨（船的桨）的棒在外界磁场中通过平行移动和回转来搅拌溶液的。这种方法有利于控制金属镀膜：①镀膜表面的 pH 值；②氢气的气泡去除；③反应物质的有效扩散。

　　因为添加剂是光泽镀膜的根本，所以对于镀膜加工企业来说，添加剂是技术关键。其利用的是氯（粒子的粗大化促进剂）以及聚乙烯乙二醇（粒子的均一化促进剂）。在微细孔淹没中，添加剂也是很重要的（图3）。如平整剂会在角部电流集中时沉积在角部（电阻增大），从而导致电流向微细孔的底部流动。这样的结果是，薄膜从微细孔的底部开始生长（图4），对微细孔填充发挥着巨大的作用。薄膜从孔的底部开始生长的现象叫做由下向上生长。现在，这种方法在铜配线方面得到广泛应用。

要点
CHECK!

● 精密镀膜多用于电气领域
● 添加剂是由下向上生长的原动力

图1 框架镀膜法(参41)

a 不做任何处理的情况

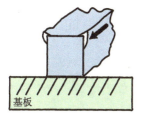

基板

b 为了平滑,事先做好模框,以制备成没有突出的薄膜

用光刻胶制作的模框
(镀膜之后除去)

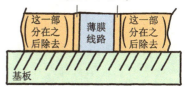

| 这一部分在之后除去 | 薄膜线路 | 这一部分在之后除去 |

基板

图2 短桨镀膜法(参41)

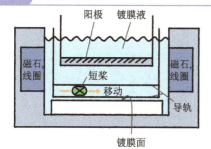

阳极　镀膜液

磁石,线圈　　磁石,线圈

短桨　　移动　　导轨

镀膜面

用短桨搅拌→去除沉淀→成分稳定化

图3 超微细孔附近的电流流向

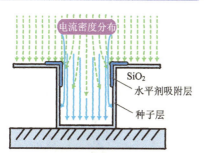

电流密度分布

SiO_2
水平剂吸附层
种子层

如果没有水平剂,如虚线所示,电流形成了很尖的拐角。如果有水平剂的话,电流在到达拐角的时候会流向孔的底部,像图4那样薄膜生长。

图4 电铜镀膜的由下向上生长

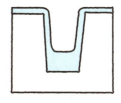

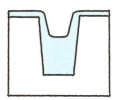

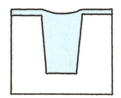

膜的生长从底部开始。由下向上生长是使粗糙的表面变成发着耀眼光的光滑表面的原动力。

COLUMN

用世界上最小的刀进行切削加工

对人工智能最重要的集成电路、超薄液晶电视都是薄膜的集合体。

薄膜附着在硅晶片、玻璃之类的基板表面上,使它的厚度均匀是人们一直所追求的。为了获得更好的性能,需要进行下一步形状加工,即留下有用的部分,去掉不用的部分。

加工中最重要的是,在正确的位置留下具有正确形状和尺寸的薄膜图样。现在,图样的尺寸正在从微细化向超微细化过渡,最小的尺寸只有数十纳米,大概相当于100倍原子大小。这种切削加工刀具也就只能使用原子、分子这种工具了,因此不得不说这的确是超微细加工。而且像这种几平方米的玻璃板加工或30cm^{2}的硅晶片上的加工,如果不在几分钟之内快速完成,就不能用于商品生产了。

由此看来,现在应用的薄膜技术是经过了相当的长时间的技术积累的。

在分子水平进行加工,就需要同样水平的工具。

第 **11** 章

将薄膜加工成
电路、晶体管等的蚀刻技术

在基板上附着均一的薄膜之后，需要使用蚀刻法将薄膜加工
成具有精确尺寸，立体形状及位置的图样
这种蚀刻法使用的是离子，也就是说蚀刻法的刀具只有原子大小。
形状由蚀刻来决定,而加工位置的确定是由进化的照相技术完成的,
这种技术是日本独创的。

065 蚀刻法制备图样：在正确的位置加工正确的形状

薄膜的沉积属于超微细加工，是在薄膜之上再进行薄膜沉积的超微细加工——数百次这样的加工之后才能得到我们现在的 IC 集成电路。在 2.25cm² 的面积上排布着大约 1000 亿个晶体管、电容器、电阻等的元件。以两翼长度为 150m 的棒球场为例。元件的最小尺寸为 30nm，这相当于棒球场中垒的位置精度为 0.3mm。超微细加工一共超过 200 次，因此如果加工精度无法保证，最初的图样和后续图样的位置就不能重合，就无法形成晶体管。这种高精度位置重合技术就是**光刻法**。将照相技术和蚀刻技术相结合，以保证加工在正确位置进行（图 1）。

（a）在需要蚀刻的薄膜上附着光刻胶的感光膜。

（b）用金属薄膜在玻璃板上制成掩膜（相当于照片的底片，用照相蚀刻法制成），再将这些底片重叠在需要加工的样品上进行曝光[注]。

（c）把没有感光的部分用药液除去（图样临摹结束）。

（d）不损坏剩余的光刻胶的剩余部分的前提下进行蚀刻。

（e）除去光刻胶与模具相同的图样，就制作完成了。

光刻胶（photoresist）的名称是由感光剂（photo）和抗蚀（resist）而得名的。（d）中的蚀刻也是极其困难的，其中很重要一点是要真实再现掩膜的图样。图 2 所示的就是目标形状（中段）和失败的例子（下段）。在 B_1 中，光刻胶的下部被蚀刻，最终形成的样品变得很细。A_4 中是希望把下部加工得圆滑一些，但也有像 B_4、B_5 那样失败的例子。为了避免出现这样的失败，为了能够蚀刻不断出现的新型材料，新技术的开发是很必要的。

要点 CHECK!

- 在照相技术的推动下，可以在基板上实际临摹所需要的样品
- 对临摹进行精密蚀刻需要很多的努力

注：这种曝光临摹的技术叫做平版印刷，是从 Litho（石）-graphy（画法）转化而来的平版印刷技术。

图1 照相蚀刻工程

a 在旋转的样品上加一滴光刻胶(PR)

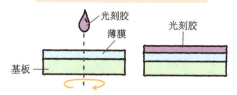

光刻胶是有黏性的液体,在离心力的作用下扩展形成感光膜(叫做施涂)。

b 把掩膜(相当于照片的底片)重叠,曝光

在这个技术中,尺寸的精度与下一次曝光重合的精度都是极其重要的。

c 没有感光的部分用药液除去

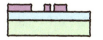

薄膜上样品(相当于照片的正片)完成(必要图样的临摹结束)。

d 利用蚀刻法薄膜的图样形成

化学或者干式蚀刻法。

e 除去光刻胶,工程完成

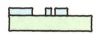

与模具相同图案的样品薄膜制作完成。

图2 蚀刻法的目标加工形状和失败的案例

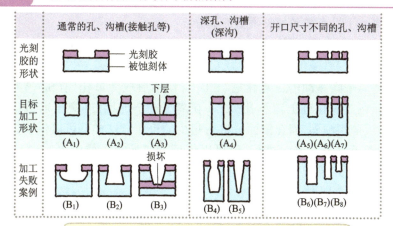

原本想要制作A的形状,最后却成了B。条件的设定是非常重要的。

名词解释

蚀刻法 → 原本是指化学药品腐蚀金属、玻璃等材料的现象。在旧商店入口处,玻璃窗户上"××商店"的文字就是通过蚀刻的方法得来的,玻璃从透明变为不透明的白色,就是蚀刻得以应用的例子。

用氟、盐酸和硝酸之类的液体进行蚀刻被称作**湿式蚀刻法**，不使用液体的蚀刻被称作**干式蚀刻法**。

像图1中的(a)那样，让我们来考虑在方糖中开一个圆孔。如果利用湿式蚀刻法来处理，就需要使用光刻胶，塑料胶带覆盖圆孔以外的部分，再将处理好的方糖放入水中。砂糖的溶解方式是各向同速进行的(**各向同性蚀刻**)，塑料胶带的下部会像图中那样出现深度为 S 的横向腐蚀(**边缘蚀刻**)。结果便像(b)那样开了一个比预想要大的孔。想要留下的部分变小了，这在超微细加工中是一个严重的问题。l 从 2.5×10^{-3} mm 左右开始就不能使用了。为了制作(c)那样的目标形状，必须使用很小的刀具一点一点地处理，并且刀具要尽可能小。

干式蚀刻法就是使用气体原子的离子(1nm 以下)作为刀具的方法。在基板上加上负电压，将基板放入等离子中，等离子中的正离子高速冲击基板，刻蚀了没有被光刻胶覆盖的部分。

图2所示的是家用冰箱中常用的化学性质稳定的氟利昂(CF_4)等离子的例子。等离子中有化学性质极其活跃的氟游离基 F^* 离子和 F^- 离子，这些离子高速冲击二氧化硅(SiO_2)，作用后成为氟化硅(SiF_4)并蒸发，从而在二氧化硅上留下孔(a)。在离子冲击的地方(离子前进的方向)，该反应很激烈，而在侧面只进行很少的反应。这样就可以保证蚀刻主要在离子前进的方向进行，也可以保证加工所得图样的真实性(b)。这种方法叫做"**反应性的离子蚀刻法**"(**RIE**)，在超微细加工中成为日本主流的独创技术[参42]。

要点
CHECK!
- 如果图样的尺寸接近薄膜的厚度的话，就考虑转向RIE法进行加工
- 反应性离子蚀刻法是现在的主流方法

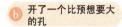

图1 方糖圆孔的蚀刻法

a 想在方糖上开圆孔

b 开了一个比预想要大的孔

c 用世界上最小的刀具——离子来进行加工，就能开一个与(a)相近的孔

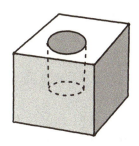
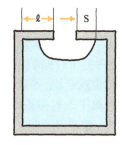
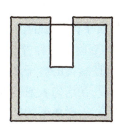

图2 反应性离子蚀刻法的模型

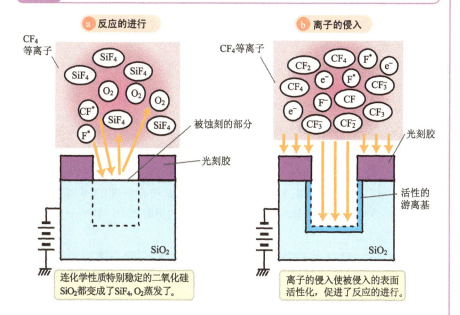

a 反应的进行

CF_4 等离子

SiF_4 SiF_4 SiF_4 O_2 O_2 O_2 CF^* SiF_4 SiF_4 F^*

被蚀刻的部分

光刻胶

SiO_2

连化学性质特别稳定的二氧化硅 SiO_2 都变成了 SiF_4, O_2 蒸发了。

b 离子的侵入

CF_4等离子

CF_2 CF_4 F^* e^- CF_4 e^- F^* CF_3^- e^- F^- CF CF_3 CF_3^- CF_2^-

光刻胶

活性的游离基

SiO_2

离子的侵入使被侵入的表面活性化，促进了反应的进行。

名词解释

游离基 → 游离基是由于放电、热、光、放射线等作用切断了化学键所产生的，化学性质极其活泼。

制备小到原子水平的离子,在电场作用下加速冲击基板——这是**反应性离子蚀刻法**的出发点和基本机理。离子制备的重要方法是利用等离子体,下面对这种方法的重点内容进行归纳。

①制备的离子多多益善,也就是说,等离子体的密度要尽可能高。

②在均匀入射的前提下,离子入射面积要尽可能大。

③入射离子的能量(速度)要可以控制。离子运动速度过快,蚀刻速度过大的话,一旦离子与晶体管发生碰撞,就会对其造成破坏,所以离子的速度要适当。

④蚀刻法的压力(真空)可以自由决定。人们希望真空度高、压力小,这样在深孔中,离子在运动过程中能够不与其他的气体冲突,一直到达孔的底部,并且反应蒸发物可以极快地蒸发。

⑤不能让薄膜最大的敌人——灰尘出现。反应生成物很容易成为灰尘。

反应性离子蚀刻法有很多方式,如图1所示。

(a)是**平行平板型反应性离子蚀刻法**(参照 *036*)。这种方法不考虑最小加工尺寸,适用于薄板电视等大面积元件的生产。

(b)是 **ECR 型**和(c)的**磁控型**反应性离子蚀刻法。这种方法对放电压力和电压进行控制,最终希望获得低能量和高密度的等离子体。装置虽然很复杂,但是能够很好地达到蚀刻法的目标形状,多用于半导体的超微细加工。

(d)(e)(f)工作时使用线圈、天线,在放电空间高频或者超高频放射,可以得到更高密度、更低能量的等离子体。(d)是**线圈诱导结合等离子体(ICP)**型装置,(e)利用**螺旋波**的天线工作,(f)利用螺旋天线进行工作。

要点 CHECK!
- 反应性离子蚀刻法的5个重要条件:①高密度等离子体;②带有适当能量的离子;③大面积;④低蚀刻压力;⑤低尘

图1 蚀刻法用的等离子体的制作方式

a 平行平板型(有六级管型，狭窄空隙型, 三极管型等)

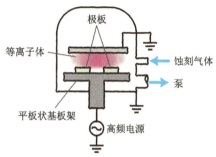

极板

等离子体

蚀刻气体

泵

平板状基板架

高频电源

b ECR型

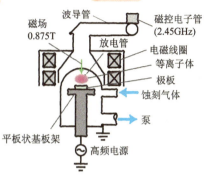

波导管

磁场 0.875T

磁控电子管 (2.45GHz)

放电管

电磁线圈

等离子体

极板

蚀刻气体

泵

平板状基板架

高频电源

c 磁控电子管型

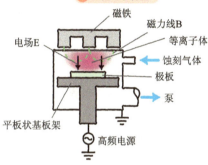

磁铁

磁力线B

电场E

等离子体

蚀刻气体

极板

泵

平板状基板架

高频电源

d 诱导结合等离子体(ICP)型

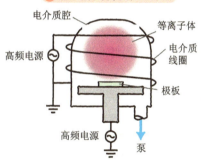

电介质腔

等离子体

高频电源

电介质线圈

极板

高频电源

泵

e 螺旋波型

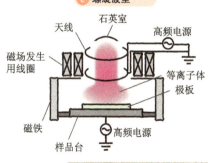

天线

石英室

高频电源

磁场发生用线圈

等离子体

极板

磁铁

样品台

高频电源

f 螺旋天线型

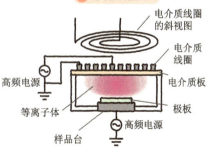

电介质线圈的斜视图

电介质线圈

高频电源

电介质板

等离子体

极板

样品台

高频电源

> 为了达到理想的蚀刻效果,很多其他的方法还在不断地开发出来。

068 反应气体是重要的

如果拥有电脑,就可以利用一些软件做各种各样的事情。但是如果电脑中没有软件的话,那么电脑也只是一个空壳子而已。同样地,反应性离子蚀刻法要是没有干式蚀刻,就相当于电脑没有软件,只是一个空壳而已。

在(067)中,等离子体的制备方式一旦确定,就需要考虑下一步使用什么气体,利用什么蚀刻成什么形状。图1所示的就是能成为"软件"的庞大的反应气体中的一部分。对于反应气体,氟、氯、溴等卤族元素是经常被使用的。除了反应气体之外,蚀刻时的压力、温度、投入电力等都是重要的软件(参照069)。目标蚀刻形状也有很多,精确的形状(065的图2中的A_1)、为了便于之后其他的金属的填充,将切口倾斜的锥度蚀刻(同A_3)、将有锥度的底部变圆(同A_4)、将孔径大小不同混在一起同样深度的孔(同$A_5 \sim A_7$)等。

这些制作形状的模型如图2所示。在(a)中,虽然活性游离基对于所有面的蚀刻都是等方向的,但是由于直接冲击底部的离子活性电的反应更快,就能够精确地完成**孔、沟的加工**。这就表示使离子的运动方向与电场方向相同是很重要的。

(b)是有锥度的"**锥度蚀刻**"。例如在硅基板上利用含碳的反应气体($CBrF_3$)在等离子体中形成的合成有机物会沉积在侧壁——这对侧壁的蚀刻来说起到了保护膜的作用——形成锥度(图3的a)。碳含量越多,形成锥度的角度就越大。在图2的(c)中,如果基板的温度达到$-100℃$,在侧壁上就不发生化学反应,蚀刻只在样品的底部进行,实现了底部圆形的目标(图3的b)。这些都是非常宝贵的研究成果。

要点
CHECK!

- 选取目标蚀刻材料适合的反应气体
- 选取最适合目标形状的蚀刻方法

图1 用于反应性离子蚀刻法众多的反应气体的一部分

材料	反应气体
poly-Si	Cl_2、Cl_2/HBr、Cl_2/O_2、CF_4/O_2、SF_6、Cl_2/N_2、Cl_2/HCl、$HBr/Cl_2/SF_6$
Si	SF_6、C_4F_8、$CBrF_3$、CF_4/O_2、Cl_2、$SiCl_4/Cl_2$、$SF_6/N_2/Ar$、$BCl_2/Cl_2/Ar$
Si_3N_4	CF_4、CF_4/O_2、CF_4/H_2、CHF_3/O_2、C_2F_6、$CHF_3/O_2/CO_2$、CH_2F_2/CF_4
SiO_2	CF_4、$C_4F_8/O_2/Ar$、$C_5F_8/O_2/Ar$、$C_3F_6/O_2/Ar$、C_4F_8/CO、CHF_3/O_2
Al	CCl_4、BCl_3/Cl_2、$BCl_3/CHF_3/Cl_2$、$BCl_3/CH_2/Cl_2$、$B/Br_3/Cl_2$、$BCl_3/Cl_2/N_2$
Cu	Cl_2、$SiCl_4/Cl_2/N_2/NH_3$、$SiCl_4/Ar/N_2$、$BCl_3/SiCl_4/N_2/Ar$、$BCl_3/N_2/Ar$
Ta_2O_5	$CF_4/H_2/O_2$
TiN	$CF_4/O_2/H_2/NH_3$、C_2F_6/CO、CH_3F/CO_2、$BC_3/Cl_2/N_2$、CF_4

图2 反应性离子蚀刻法(RIE)的模型

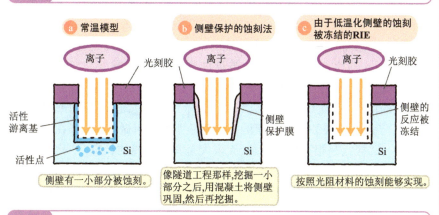

ⓐ 常温模型

ⓑ 侧壁保护的蚀刻法

ⓒ 由于低温化侧壁的蚀刻被冻结的RIE

离子　光刻胶

活性游离基

活性点　Si

侧壁有一小部分被蚀刻。

离子

侧壁保护膜

Si

像隧道工程那样，挖掘一小部分之后，用混凝土将侧壁巩固，然后再挖掘。

离子　光刻胶

侧壁的反应被冻结

Si

按照光阻材料的蚀刻能够实现。

图3 根据反应性离子蚀刻法的蚀刻例子

(照片由佳能ANELVA株式会社提供)

ⓐ 锥度蚀刻(*065*的图2中的A_2)

ⓑ 战壕蚀刻(*065*的图2中的A_4)

069 决定蚀刻的条件

一旦决定了硬件和反应气体,需要确定蚀刻条件——即等离子体发生用的电功率、单位时间输送反应气体的量(流量,ml/min)、反应进行的压力等条件。

在二氧化硅上沉积 1μm 的铝膜,制作厚度为 1μm 的配线的时候,如图 1 所示,事先要准备有光刻胶(PR)附着的基板。如(068)的图 1 所示,对应铝膜,反应气体选择 CCl_4。如果蚀刻的速度设定为 0.2μm/min,蚀刻在 5min 就应该结束。但是,根据位置的不同,原来铝膜的厚度会有所不同,会有±3% 的误差产生。把这个考虑进去,采用 5′30″(30s 是用于膜厚 10% 的多余部分被去除的时间)进行"过蚀刻"。这样处理之后,铝膜厚度为 1μm 的地方,下层的 SiO_2 被过蚀刻的 30 秒去除。二氧化硅的蚀刻速度如果是铝蚀刻速度的十分之一,就被切削掉 0.01μm(如果是一百分之一的话,就是 0.001μm,可以忽略不计)。"想要被蚀刻的薄膜的蚀刻速度"与"不想被蚀刻的基板的蚀刻速度"的比叫做选择比(在图 1 中是 10)。选择比是很重要的参数,无限大是其最理想的状态。

图 2 是在铝和光刻胶的条件下,电功率、选择比、蚀刻速度的关系研究结果。随着电功率的增大,蚀刻的速度也会提高,但是如果温度上升,光刻胶的蚀刻速度也会增大,其选择比会下降。另外,如图 3 所示,压力增大时,虽然蚀刻速度和选择比都共同变大,但边缘蚀刻(参照 066 的图 1 中的 b)也随之变大,所以大约 5Pa 的压力比较合适(065 图 2 的 A_5 ~ A_7)。为了使大部分尺寸不同的孔都能刻蚀成同样的深度,最好如图 4 所示的那样,在 0.4Pa 的 ECR 型的条件下进行(与横轴的孔径无关系),在平行平板型中,小的孔就会变浅。这是显示硬件重要性的例子。

要点 CHECK!

● 蚀刻速度与选择比是由电功率、气体流量和蚀刻压力共同决定的
● 应选取选择比大一些的气体作为反应气体

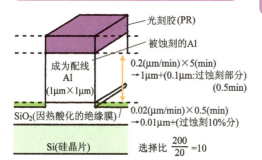

图1 蚀刻的选择比与过蚀刻

光刻胶(PR)

被蚀刻的Al

成为配线
Al
(1μm×1μm)

0.2(μm/min)×5(min)
→1μm+(0.1μm:过蚀刻部分)
(0.5min)

SiO₂(因热酸化的绝缘膜)

0.02(μm/min)×0.5(min)
→0.01μm+(过蚀刻10%分)

Si(硅晶片)

选择比 $\dfrac{200}{20}=10$

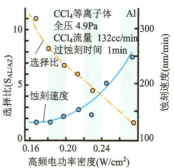

图2 电功率密度和选择比以及蚀刻速度的关系(参43)

蚀刻速度上升,选择比下降。

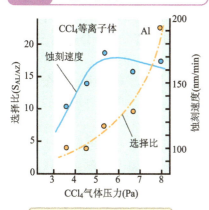

图3 蚀刻压力和选择比以及蚀刻速度的关系(参43)

5Pa大小的压力是最合适的,如果再增加压力,边缘蚀刻也会增加。

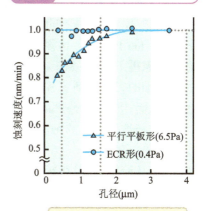

图4 两种蚀刻方式中,微细孔蚀刻时蚀刻速度对孔径的依存性(参44)

在压力减小和低压蚀刻法的条件下,大小不同的孔径也可以蚀刻同样的深度。

070 利用极细离子束进行故障修理

在进行大批量生产的现场,不合格品被废弃,在这种情况下提高合格率是很困难的。像掩膜那样单价很高的制品,即使有一部分质量达不到要求,与其将其作为不合格品处理,人们更想对它进行故障修理。在10nm 的尺寸上进行修理对技术要求很严格,但是还是有很多巧妙的方法。

如图 1 所示。若在 A 的虚线处有细笔,在 B 中有尖端很细的刀具,这件产品就能够进行修理。在实际生产中作为这种笔或者刀的,就是由液体金属离子源产生的极细离子束。

如图 2 所示,实验装置采用尖端达到半径为几纳米的**尖针**(或者是很细叫做毛细管的管),尖端的构造由涂画液态金属用的加热器,及存放液态金属的容器组成。在真空中加上负的高电压,从细针的尖端可以产生几十纳米的极细的离子束。金属离子束可以从液态金属容器中得到不断的补给,所以可以长时间使用。如果像电子显微镜那样使用透镜将这种离子束进行聚集,可以得到 40nm 以下的极细的离子束(**会聚离子束:FIB**;Focused Ion Beam)。这样就可以成为极细的笔和刀了。

在氯气氛围下,这种 FIB 碰撞到金的薄膜(图 2 中的右上),就会被蚀刻。这种很细的刀碰撞到图 1 的 B 中短路的地方,就可以将短路的部分进行去除,从而达到故障修理的目的。

另外,选择熔融金属的种类,改变离子束的条件,FIB 碰撞的地方就会有金属析出。碰撞到图 1 中 A 虚线所示的位置,就会在没有金属的地方附着薄膜,从而也达到故障修理的目的。

这项技术也用于薄膜制品的故障诊断。判断是断线还是出现了短的部分,然后如上述步骤那样进行修理。

要点 CHECK!
- 使从液体金属离子源而来的离子束集中成为会聚离子束
- 用会聚离子束可以进行超微细样品断线,短小部分的修理

图1 断线和短小

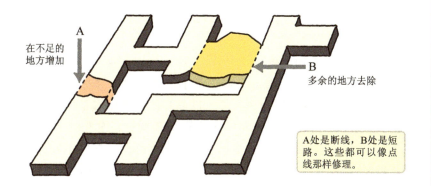

在不足的
地方增加

A

B

多余的地方去除

A处是断线，B处是短路。这些都可以像点线那样修理。

图2 由极细离子束而来的反应性离子蚀刻的例子(参45)

细针

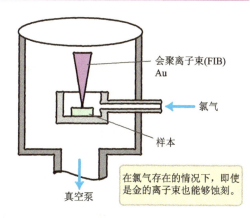

会聚离子束(FIB)
Au

氯气

样本

真空泵

在氯气存在的情况下，即使是金的离子束也能够蚀刻。

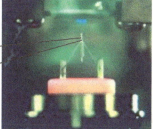

细针

加热器和液态
金属容器

产生几十纳米细的离子束的极细阴极。

(照片由SII Nano Technology
株式会社提供)

　　制作晶体管和电容器后,有必要进行用于控制这些元件的布线。如 (005) 中的图2 所示,右端是晶体管,在其附近的是电容器、多层配线——层数可达 8 层,好像高层建筑一样。硅晶片的表面原本是比镜面还要平坦的,在 IC 的一个平面上完成一道工序后,需要把表面平坦化,然后在它之上将第 2 层布线平坦化,再进行第 3 层的操作——如此这样进行高层建筑的堆叠,使各层平坦化,这就是 **CMP**(Chemical Mechanical Polishing,化学机械研磨)。

　　图1 所示是 CMP 的技术原理。将表面有凹凸的晶片在晶片载体上朝下安装,一边使其自转公转,一边把它推向粘在回转台上的研磨基座。为了保证研磨有效进行,在晶片和研磨用基座之间需要不断供给叫做"泥浆(Surari)"的研磨溶剂。在自转公转和适当的压力下,晶片表面会趋于平坦。对于研磨溶剂,对于金属要使用加入氧化铝微粉的酸性液体,对于绝缘物要使用加入二氧化硅的碱性液体。

　　对于这种 CMP 组合,较好的配线方法是"**Damascene 法**"。图2 就是其中的例子。首先制作绝缘膜,然后挖掘孔、沟,将金属填入其中,此后进行 CMP 研磨,使得表面完全达到平坦化,然后在平坦的表面下再制作下一层。这样完成类似于高层建筑的手段就是(005)照片中的设计。也有更为先进的**二重 Damascene 法**(图3)。想要制作类似于(a)的配线的时候,进行(b)通孔蚀刻,(c)的配线部分进行蚀刻的时候,与下部相连接,(d)通孔与配线同时填充后进行 CMP。按照通孔蚀刻→(CMP)→配线→CMP 的顺序,其中(CMP)部分可以省略。

要点
CHECK!

- 一个工序完成之后,需要进行完全平坦化,才可继续下一步工序
- 进行平坦化处理,使用化学机械抛光(CMP)

图1 CMP原理图

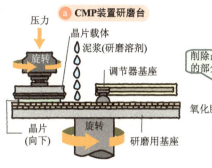

a CMP装置研磨台

压力
旋转
晶片载体
泥浆(研磨溶剂)
调节器基座
氧化膜
晶片
(向下)
旋转
研磨用基座

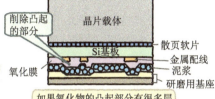

b 晶片载体放大图

削除凸起的部分
晶片载体
Si基板
散页软片
金属配线
泥浆
研磨用基座

> 如果氧化物的凸起部分有很多层重合的话，纵、横配线的重合就不可能了。所以只能将其削除，平坦化之后制作下一层。

图2 Damascene法

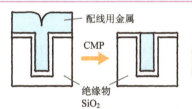

配线用金属

CMP

绝缘物
SiO$_2$

> 研磨不需要的部分，完成配线。

图3 二重Damascene法的基本原理

a 想要制作的配线

> 想同时设置向下部有配线的地方，和上部配线(黄色)的接续线。

b 通孔蚀刻

SiO$_2$

> 通孔：连接上下配线的连接线的孔。

c 配线蚀刻

> 通孔同时被蚀刻。

d 铜的填充
(虚线处)

> 填充铜之后，用CMP去除不需要的部分。
> 完成之后的配线和插头

名词解释

Damascene法 → 一种镶嵌工艺。在金属、木材、陶瓷器上雕刻花纹图案，镶嵌金、银和紫铜的金属工艺。Damascene法在英语中叫做Inlaid Work，因为它是在叙利亚的大马士革繁盛的工艺，所以别名又叫做Damascene Work。

（052）中所述的微细孔的填充是很困难的，如图 1 所示。(a)是在为了制作晶体管的扩散层上其他元件(AlSiCu)导通的配线图。在其下部有绝缘层 SiO_2。

现在人们希望未来晶体管及其他元件的密度能达到现在的 4 倍，横向的尺寸采用(a)的 1/2，变成了(b)的情形(纵向为了确保电气绝缘不能缩小。当然，如果也能缩小 1/2 就不会出现问题)。因为 AR 不断增大，便形成了空隙(AlSiCu 没有进入的地方)。另外，圆圈部分可能出现的断路，如果像(c)那样，再取(b)的横向的 1/2，就没有讨论价值了。如(d)所示，在箭头所示的地方利用 CMP 精确填充，就可以制造信赖度高的配线。

CMP 是高级技术，装置的价格也很高。像 IC 那样超过了 3~4 层的情形暂且不说，仅仅 3 层的情况就有很多方法。如图 2 所示：①在（060）和（029）中有过说明；②在（052）中有过说明；③中，在基板上加上负电压，一边进行溅射，一边使离子入射在薄膜表面，溅射掉突起的部分，形成平坦的薄膜；④是用液体有机物进行涂层的情形，最终形成平坦的表面；⑤是将 O_3 和 TEOS(Tetra Ethly Orthosilicate)作为反应气体，利用 CVD 法的 SiO_2 薄膜成长，与液体涂抹类似，填充在配线之间，形成平坦的薄膜。这种方法被称为 **TEOS 法**；⑥是用与薄膜材料相同溅射率的光刻胶涂抹在回流法形成的凹凸处，之后用蚀刻法完成平滑膜的制作；在⑦中采用了激光照射，薄膜暂时熔化，流向低洼处的方法完成平滑膜的制备。

对比较简单的器件来说，这些都是很重要的技术。

要点
CHECK!

- 想提高元件的密度是很困难的
- 除了CMP之外，平坦化的技术还有很多

铝合金配线接触部的断面以及尺寸缩小图

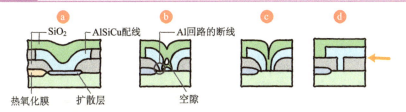

(a)是铝合金和扩散层接续的尺寸，(b)是取(a)的横方向的1/2的尺寸，(c)是取(b)的横方向的1/2的尺寸。在(b)中的部分，有Al线路断线的可能，由于空隙的存在，就有质量的问题。像(c)那样，如果再取1/2的话就没有问题了。如果像(d)那样的话，就能很容易地制造更多的线路。

图2 平坦化技术的概要

分类	形成的方法		特征	问题点
	方式(薄膜的制作方式)	过程概要		
不发生凹凸的薄膜生长	①选择生长(CVD)		简单	深度不一，平坦化差
			简单	需要之后再进行蚀刻
	②回流(溅射)	蚀刻 蚀刻	可以使用同样的装置	薄膜质量和信赖性评价
	③偏压溅射		可以使用同样的装置	薄膜质量和损坏
	④涂抹		简单	
	⑤氧化物的填充		具有良好的平坦性	
再加工	⑥再蚀刻	光刻胶	已有技术的组合	
	⑦激光平坦化	激光	比较简单	控制性和再现性

名词解释

再蚀刻 → 用蚀刻法去除附着的多余部分(将背景的厚度减小的意思)，使其平坦化。

COLUMN

向伟大的梦想前进!

梦想是非常不可思议的东西,它一直在我们心中静静地孕育着,等待着某一天能够变成现实。

就如我们到现在为止学的那样,薄膜最重要的特征如下所示。

(1) 薄膜是以原子、分子的大小为单位作为出发点,它的组成单位比人类最小的单位——细胞还要小。

(2) 因此薄膜可以在微小的世界里大显神通。

(3) 把这小东西些聚集起来,就可以形成超高密度。

(4) 薄膜既可以沉积,也可以减薄。

(5) 只要制定合适的工艺,在什么样的材料上都可以制备薄膜。

利用薄膜,人们描绘着梦想,孕育着梦想,并为了这个梦想无畏地前进着。

20世纪50年代之前,真空还是没有多少人关注的领域,到了60年代,才有人敏锐地察觉到,这会是未来重要的技术。虽然现在还有人对它的重要性表示怀疑。但我们对它的未来深信不疑。

在日语中,"坚信者"这几个字就会让人联想到"获利",其实无论是人生还是金钱,都可以得到收获。寻找可以信赖的人,孕育可以坚信的梦想,可以使人生有更大的收获!

空想的人常常是没有理想的。坚定信心,勇于实践,才是最重要的。

坚信梦想会实现吧!

第 **12** 章

薄膜发展的无限可能性

战胜无数的困难，结束了7年旅行的小行星探测器"游隼"，

也有很多地方是采用了由薄膜制作的电子零件。

利用薄膜，许许多多的创造梦想才得以实现并不断前进。

说起薄膜技术,通常人们会觉得:一般不用考虑薄膜材料的原子,将原子送到基板上之后任其发展,原子可以自由地组成群体,或者幸运的还可以和关系好的基板结合,在可以容纳原子的地方容身……

一个个原子在希望其停留地方附着、脱离,从而制作出仪器。如果3个原子可以制作出晶体管元件,那么就可以制备比目前高3~4个数量级密度的元件。尽管原理如此,可原子的大小是0.3nm左右,有可以夹住原子的小夹子吗? 实际中的小镊子,其尖端都是用原子的大集团构成的,用它来夹原子就好像用挖掘机抓一粒豆子那样。

这个研究是在STM装置上进行的。将金属尖端削尖的探针(Tip)移动到离样品1~2nm的位置(图1)。这个距离是探针尖端的电子云(在原子核周围旋转的电子云)和样品原子的电子云重合的距离。稍加电压,就会产生微量的电流(图4)。保持电流一定,即将探针和样品间的距离保持一定,移动探针,就可以了解原子的位置和排列顺序(图2)。如果在探针和样品之间加稍高一点的电压,由于探针尖端的电场较强,原子从样品上发生侧移,可以将原子移动到所选定的位置。如果加上相反的电压,原子也可以向那个反方向移动,这样就可以操控原子了。图3所示的就是用几个原子排列出的字。

图4中的(a)是硅(Si)表面的原子排列,白色发光的就是原子。记号的地方作为位置的标记。(b)中将别处的3个原子移动到有+标记的地方(白色发光点)。(c)将移动的原子复原(使a=c)。这样1到n个原子的器件是下一个时代的梦想。

要点 CHECK!

- 制作能够操控单个原子的装置
- 制作超高密度的器件

图1 STM原理图

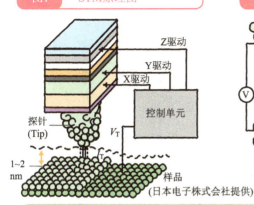

Z驱动
Y驱动
X驱动
控制单元
探针
(Tip)
V_T
1~2 nm
样品
(日本电子株式会社提供)

图2 高温超微细加工概念图

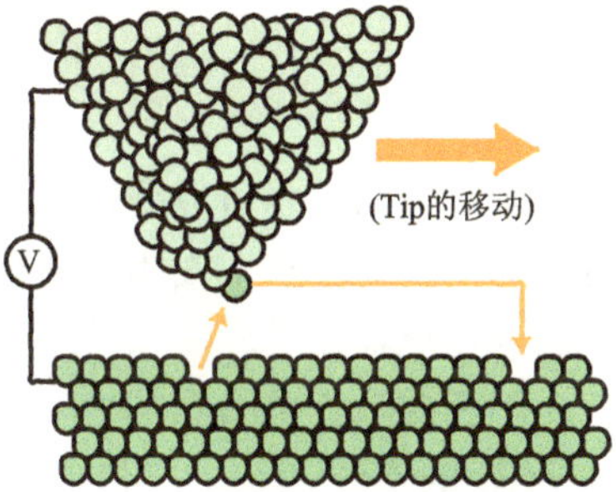

(Tip的移动)

(日本电子株式会社提供)

保持探针和样品之间的电流一定，移动探针，可以制作原子配列的照片。加上稍微高一点的电压，原子就随着探针移动。加上逆电压的话，原子就远离探针运动。

图3 用STM写的几个原子大小的日文假名"纳米世界"

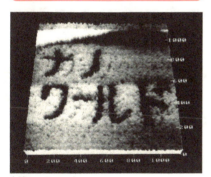

电流：0.3nA
电压：+2.0V(观察时)
　　　−4.0V(加工时)
字宽：1.0~4.0nm（几个原子大小的程度）

用图2的方法写出几个原子宽度的文字

(由日本电子株式会社提供)

图4 操控原子的例子

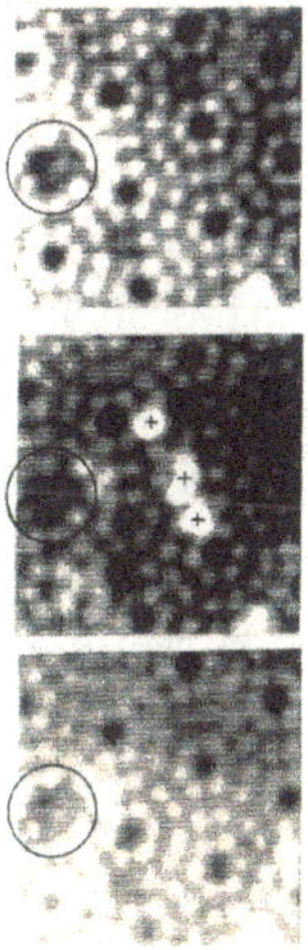

a 硅表面的原子配列（○是表示位置的标记）

b 将别处的3个原子移动到+号的位置

c 将移动的3个原子除去，复原Si表面

真正的操控原子

(由独立行政法人 物质·材料研究机构 nano-material研究所所长青野正和博士提供)

名词解释

STM → Scanning Tunnelling Microscope的简称，即扫描隧道显微镜。

利用通信技术可以做很多事情,如用移动电话、网络、收音机、电视等可以即时知道世界上发生的事情,可以在外面观察家里的情形,甚至能够控制家用电器。

因为在我们的身边有相机、麦克之类的传感器,进行记忆和情报加工、编辑的系统,微波、光缆、卫星之类的通信网,以及信号接收装置,所以上面的种种描述才能成为可能。而这些装置的重要组成是利用薄膜技术制造的庞大零件、集成电路等。

电视、音响等视听设备,空调,厨房、浴室的燃气供给设备,各种家电制品附加的遥控器、程序功能,利用电脑或移动电话的终端,人们就可以在外自由操作控制它们。现在这种技术正在不断进步。

事实上,交通系统也在不断进化,太阳能成为了汽车的动力,出去兜风的时候设定目的地,按下开车的按钮,车子就可以自动选择通畅的道路,安全到达目的地。这样的日子已经离我们不远了。

一度让人们担心已经失踪了的小行星探测器"隼"花了 7 年时间,飞行了 60 亿 km,到达了像罂粟粒的小行星"系川",完成工作任务顺利返回。这是最具代表性的机器人,这一成果的应用让人们对未来更加期待。放眼未来,相信不久以后,以人类的五种感觉为基础、代替人类进行辛苦劳动的机器人将会登场,并活跃在家庭和职场中。这样的话,人们进行艺术、运动的时间就会增加,文化之花绽放的时代也将到来。薄膜将一直支持着人类这一未来梦想的实现。

要点
CHECK

- 薄膜支持着世界通信的发展
- 薄膜将继续绿色地为世界的安全贡献力量

　　如果长度是原来的十分之一，面积就成为原来的百分之一，体积就成为原来的千分之一。μm（10^{-6}m）、nm（10^{-12}m）级的所谓**超微细加工**就是薄膜技术最为擅长的地方。微型机械是一种极其微小的机械，目前关于它的研究非常盛行，除了有专门从事相关研究的学术团体之外，每年还会为此多次举办展示会。

　　目前，实际应用中最小的电动机直径只有 1mm，长度只有 2mm（图1），被广泛应用于手表机芯中，在人们的手腕上记载时刻。

　　图 2 是用薄膜技术制造的小电动机。中间有白色的转子，直径 50μm，体积只有 10^{-3}mm^3。整体以 μm 为单位的电动机的制作也是可能的。但这类机械不局限于电动机，传导力的各种各样的机械装置（齿轮、方向转换器等）、传感器、流量计、计测器、泵、可以在 xyz 轴方向移动的微细台、研究中各种各样的零件极小化和系统的升级都正在不断地进步着。

　　这种微型机械的技术发展使很多事情都成为可能。图 3 就是其中的一个例子。制造超小型的手术机械装置，并用很小的**胶囊收纳**，再将这个胶囊放入人的血管、内脏中，遥控它进入患部进行手术，手术完成之后再返回。

　　图 4 所示的是可以在消化管内自由移动的直径 11μm，长 26mm 的内视镜，每秒可拍摄 2~5 张照片并无线发送。在不久的将来，具备药液的放出，体液的采取，回声检查等功能的仪器研究将成为新的目标。虽然从尺寸来看还是很大的东西，但是利用微型机械技术，像胶囊那样吃下去之后就可以进行诊断、手术的机器人也许不久就会出现。我想大家肯定都想长寿地活到那个时候。

要点 CHECK!

- 以 mm 的单位的机械装置变为了以 μm、nm 为单位的机械装置
- 微动同步器可以挽救人的生命

图1 用小夹子夹住的微小的手表机芯

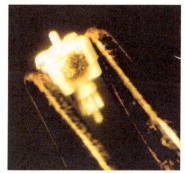

(照片由Casio Computer株式会社提供)

图2 微型电动机的例子

(照片由日本电气株式会社提供)

图3 由于微型机械的发达，利用医疗微型胶囊可以挽救人的生命

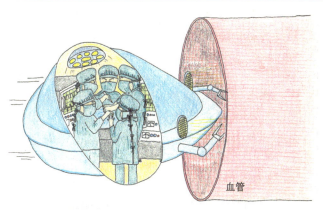

血管

将多数的功能超小型化制作的微型机械送入血管、内脏，进行检查和手术。

(长谷川美由纪绘制)

图4 胶囊内视镜

将图3的一部分实体化，并制成拍摄用的胶囊(直径为11mm，长度为26mm)。

(照片由Olympus Medical Systems株式会社提供)

超级计算机是很难得的工具,它对创造业的发展起着非常重要的作用。目前,在记忆和计算方面,计算机已经完全超越了人类的智慧,但是创造力和思想方面,它还显得很不足。

这个领域将来的发展是无法预测的,现在培养老鼠、兔子等动物的小脑之类的神经细胞,用来制作神经传导机能的研究正在进行中,薄膜技术也活跃在其中。

用蚀刻法制作 $150\mu m$ 的方形石英板的凹部(井)和深 $10\mu m$ 的连接井的沟槽,将老鼠脑的海马细胞放入井中培养 7 天,结果如图 1 所示。神经纤维沿着沟槽伸展,通过突触,和神经细胞连接在一起。但是,如果把细胞放置在没有沟槽的平板上,神经纤维就会向四面八方伸展。用荧光显微镜观察细胞内钙离子的浓度可以发现,每隔 10s,细胞中①~④的亮度会同步地发生变化。这是细胞生存的标志(图 2)。这种明亮的变化可以通过电信号观察到。用氧化铝或聚酰亚胺(有机物)的薄膜覆盖的电极安装在井中的先端,并且仅露出这一部分(图 3)。测定出现的电信号,可以观测到大小为 $40\mu V$、周期为 10 秒的脉冲。这个脉冲的传达速度每 10s 会有 $0.001s$ 的延迟,这能很好地证明细胞之间具有关联性。相反的,如果电极 1 有 $1\mu A$ 的电流脉冲流动,其他电极的脉冲相对于它也是同步的(图 4)[参46]。

如果将井制作成适当的形状,将 iPS 细胞(induced Pluripotent Stem Cells:人工多功能干细胞)在最适宜的位置分化成神经细胞进行培养,会怎么样呢? 这是个让人激动的研究领域。

要点 CHECK!

- 薄膜技术对创造能力和想法的实现有着重要的作用
- 实现梦想是薄膜界的愿望

图1	培养老鼠的海马神经细胞而得到的单纯神经回路

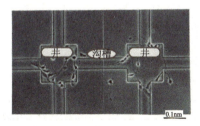

形成井和与其相连接的沟槽，将老鼠的海马神经细胞放入其中培养。经过7天的培养，就形成了单纯的神经回路。

图2	单纯神经回路和细胞内钙离子的变化

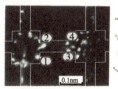

利用光学的方法测定单纯神经回路形成的细胞内的钙离子浓度。细胞①~④的细胞内钙离子的浓度如右图所示以10s为一个周期，同步地振动着，表现了通过突触，细胞之间的信息传达。

图3	老鼠大脑皮质的神经元和电极的显微照片

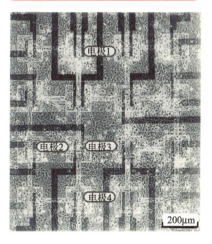

在照片中能看到的黑点是神经细胞。大部分的电极上有10个左右的神经细胞附着。

图4	微小电极数组所记录的电信号

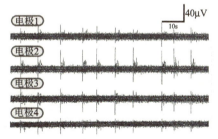

图3所示的是记录神经细胞培养基板上8个电极爆发状的电信号。图4所示的是电极1~4的记录。各个电极的电信号以10s为一周期互相同步，可以看出细胞是活的。

参考文献

序号与正文中标注的序号相对应。

1 本田大介ら：J.Jpn.Soc.Colour.,**82**[7],(2009)284

2 カラーフィルム：トーレン出版部(1985)
   (此书已绝版，请到图书馆中查询)

3 T.Tani：J.Image.Sci.&Tech.51(2),(2007)110

4 東 陽一：デジカメ解体新書,CQ出版(2003)

5 都甲・宮城：センサがわかる本,オーム社(2002)

   藍 監修：次世代センサハンドブック,培風館(2008)

6 木下是雄・馬来国弼・竹内協子：固体物理,**4**(1969)144

7 T.Kato：Japan.J.Appl.Phys,**7**(1968)1162

   P.G.Grould：BritishJ.Appl.Phys,**16**(1965)1481

8 Shozo Ino.Denjiro Watanabe&Shiro Ogawa：J.phys.Soc.Japan,**19**(1964)881

   Y.Fujiki：J.Phyo.Soc.Japan,**14**(1959)1308

9 馬来国弼・木下是雄：応用物理,**35**(1966)283

   生地文也・永田三郎：応用物理,**42**(1973)115

10 K.L.Chopra,L.C.Bobb&M.H.Francombe：J.Appl.Phys,**34**(1963)1699

11 F.Huber：Microelectronics&Reliability,**4**(1965)283

12 K.Ishibashi,K.Hirata & N.Hosokawa：J.Vac.Sci.Technol.,**A10**(1992)1718

   K.Kuwahara,S.Nakahara & T.Nakagawa：Trans.JIM Supplement,**9**(1968)1034

13 佐藤淳一・米本隆治・根本浩之・御田護：真空に関する連合講演会予稿集,30Ba-3(1992)

14 青島正一・細川直吉・山本進一郎：真空に関する連合講演会予稿集、26p-16(1970)

15 宮川行雄・西村允・野坂正隆：金属材料,**13**(1973)58

16 上田隆三・引田正俊・山本靖彦：応用物理,**32**(1963)586

17~18 W.L.Patterson & G.A.Shirn：J.Vac.Sci.Technol.,**4**(1967)343

19 D.M.Matox：Electrochem.Tech.**2**(1964)295

20 村山洋一・松本政之・粕木邦宏：応用物理,**43**(1974)687

21 T.Takagi,I.Yamada & A.Sasaki：J.Vac.Sci.Technol.,12(1975)1128

22 難波義捷,毛利敏男,永井慶次：真空,**18**(1975)344

23 T.Venkatesan,X.D.Wu,A.Inam & J.B.Wachtmars：
   Appl.Phys.Lett.,**52**(1988)1193

24 勝部能之・勝部倭子：真空、**9**(1966)443

25 R.V.Stuart & G.K.Wehner：J.Appl.Phys.,**33**(1962)2345

26 F.Keywell：Phys.Rev **97**(1955)1611

   O.C.Yonts et al：J.Appl.Phys.,**31**(1960)442

27 N.Laegreid & G.K.Wehner：J.Appl.Phys.,**32**(1961)365

  志水ら：応用物理：**54**(1985)876.**50**(1981)470

28 G.K.Wehner & D.Rosenberg：J.Appl.Phys.,**31**(1960)177

29 R.V.Stuart & G.K.Wehner：9th Nat'l.Symp.on Vac.Tech.Trans.,(1962)160

30 N.Hosokawa & H.Kitagawa：Proc.16th Symp.Semi.and IC Tech.,(1975.9)12

31 N.Schwartz：Trans.9th Nat'l.Vac.Symp.,(1963)325

32 D.A.Mclean,N.Schwartz &.E.D,Tidd：Proc.IEEE,52(1960)1450

33 K.Ishibashi,K.Hirata & N.Hosokawa：J,Vac.Sci.Technol.,**A10**(1992)1718

34 S.Ishibashi,Y.Higuchi,Y.Ota & K.Nakamura：J.Vac.Sci.Technol.,**A8**(1990)1403

35 T.Kiyota,J.Hiroishi,Y.Kadokura & H.Sugiyama：
  Semicon/Korea Tech.Symp.,Nov.9-10(1993) p225

36 T.Asamaki,R.Mori & A.Takagi：Jpn.J.Appl.Phys.,**33**(1994)2500

  麻蒔立男ら：Electrochemistry,**69**(2001)769

  T.Asamaki et al：J.Vac.Sci.Technol.,**A10**(1992)3430

  麻蒔・西川・三浦：真空,**38**(1995)708

37 T.Asamaki et al：真空,**35**(1992)70.J.Vac.Sci.Tech.**A10(6)**,Nov./Dec.(1992)
  3430.Japan.J.Appl.Phys.**32**(1993)54.

38 増田淳・松村英樹：第27回アモルハス物質の物性と応用セミナー予稿

39 A.Kobayashi et al：J.Vac.Sci.Technol.,**B13**(1999)2115

40 釜崎清治・田辺良美：金属表面技術,**25**(1974)746

41 逢坂哲彌・高野奈央：応用物理,**68**(1999)1237

42 N.Hosokawa,F.Matsuzaki & T.Asamaki：
  Proc.6th Intern.Vac.Cong.,Jap.J.Appl.Phys.,**13**(1974) Suppl.2,Pt.1,P.435

43 西村俊英・塚田勉・三戸英夫：真空,**25**(1982)624

44 K.Nojiri,E.Iguchi,K.Kawamura,K.Kadota：
  Extended Abstracts of 21st Conf.on Solid State Devices and Materials,
  (1989)153. J. Vac.Sa.. Tachnol.**B13(4)**(1995)1451

45 S.Namba：Proc.Interna'l.Ion Eng.Cong.**3**(1983)1533

46 川奈明夫：応用物理,**61**(1992)1031

参考文献

与薄膜相关的参考书

『はじめての薄膜作製技術』 草野英二 著（工業調査会、2006年）

『薄膜作成の基礎（第4版）』 麻蒔立男 著（日刊工業新聞社、2005年）

『はじめての半導体ナノプロセス』 前田和夫 著（工業調査会、2004年）

『図解 薄膜技術』 日本表面科学会 編（培風館、1999年）

超微細加工的相关参考书

『トコトンやさしい超微細加工の本』 麻蒔立男 著（日刊工業新聞社、2004年）

『超微細加工の基礎（第2版）』 麻蒔立男 著（日刊工業新聞社、2001年）

『次世代ULSIプロセス技術』 廣瀬全孝ほか 編著
（リアライズ理工センター、2000年）

『超微細加工技術』 徳山 巍 著（オーム社、1997年）

『Gビット時代へのリソグラフィ技術』 （リアライズ理工センター、1995年）

与真空相关的参考书

『わかりやすい真空技術（第3版）』 真空技術基礎講習会運営委員会 編
（日刊工業新聞社、2010年）

『半導体のための真空技術入門』 宇津木勝 著（工業調査会、2007年）

『トコトンやさしい真空の本』 麻蒔立男（日刊工業新聞社、2002年）

『初歩から学ぶ真空技術』 日本真空工業会（工業調査会、1999年）

『真空のはなし（第2版）』 麻蒔立男 著（日刊工業新聞社、1991年）

译后记

随着时代的发展和科技的进步,薄膜这一新时代的产物应运而生。在科研工作者的不懈努力和艰苦奋斗下,薄膜正悄无声息地改变着我们的生活。无论是带给我们感官享受的音像制品,还是带给我们神奇力量的电子产品,人们都可以看到薄膜的身影。伴随着薄膜技术的发展,我们的生活也得到了大幅度的改善。可以预言,未来世界会因为薄膜而变得愈发精彩。

薄膜技术日新月异的发展,看得人眼花缭乱,也增加了对薄膜的好奇心。为了更好地普及薄膜知识,加强读者对薄膜的认识,作者麻蒔立男以通俗的语言、诙谐的笔触,带领我们走进了一个魔幻般的薄膜世界。这本书改变了以往此类科普图书晦涩难懂的风格,以形象的比喻、独特的视角,详细而全面地介绍了薄膜的生产、特性以及应用,让我们在欢笑中获得了不小的收获。

作为从事相关行业的科技人员,我深刻地感受到了这项技术所带来的巨大研究价值和广阔发展前景。在我一口气读完这本书后,更体会到把这本书引进中国、让越来越多的中国读者更好地了解和认识薄膜的重要性。在出版社的大力支持下,在同其他译者的共同努力下,原书的翻译、校对和其他工作终于完成了。在翻译过程中,我们力争以最通俗的方式让读者理解,但由于自身局限性造成的翻译不当等瑕疵之处,还请读者批评指正。

在本书的翻译过程中我们得到了各界朋友的帮助和指导,特别感谢大连理工大学材料学院 07 届日语强化班的殷晓宁、陈晓辉、吴凡、王君、刘成刚同学以及辽宁省太阳能光伏系统重点实验室的聂颖、付一凡同学。特别感谢本书的责任编辑唐璐女士。本书的出版凝结了很多人的辛勤和汗水,在此一并表示感谢。

谭 毅

科 学 出 版 社
科龙图书读者意见反馈表

书　　名 _____

个人资料

姓　　名：_____　年　　龄：_____　联系电话：_____

专　　业：_____　学　　历：_____　所从事行业：_____

通信地址：_____　邮　编：_____

E-mail：_____

宝贵意见

◆ 您能接受的此类图书的定价

　　20 元以内□　30 元以内□　50 元以内□　100 元以内□　均可接受□

◆ 您购本书的主要原因有(可多选)

　　学习参考□　教材□　业务需要□　其他_____

◆ 您认为本书需要改进的地方(或者您未来的需要)

_____

_____

◆ 您读过的好书(或者对您有帮助的图书)

_____

◆ 您希望看到哪些方面的新图书

_____

◆ 您对我社的其他建议

_____

_____

　　谢谢您关注本书！您的建议和意见将成为我们进一步提高工作的重要参考。我社承诺对读者信息予以保密，仅用于图书质量改进和向读者快递新书信息工作。对于已经购买我社图书并回执本"科龙图书读者意见反馈表"的读者，我们将为您建立服务档案，并定期给您发送我社的出版资讯或目录；同时将定期抽取幸运读者，赠送我社出版的新书。如果您发现本书的内容有个别错误或纰漏，烦请另附勘误表。

回执地址：北京市朝阳区华严北里 11 号楼 3 层

　　　　　　科学出版社东方科龙图文有限公司经营管理编辑部(收)

　　　　　　邮编：100029